企业高技能人才职业培训系列教材

SHIPIN JIANYAN

食品检验

编审委员会

编审人员

主　　编　薛丽芝

副 主 编　徐红梅　金　辉

编　　者　朱建新　梅雯芳　王　娟　杨　蕙　郭鲁申　张　磊　李　硕　张露娟

主　　审　白洁舲　王仲伟

中国劳动社会保障出版社

图书在版编目（CIP）数据

食品检验 / 人力资源社会保障部教材办公室等组织编写. -- 北京：中国劳动社会保障出版社，2020

企业高技能人才职业培训系列教材

ISBN 978-7-5167-4454-3

Ⅰ. ①食… Ⅱ. ①人… Ⅲ. ①食品检验 – 职业培训 – 教材 Ⅳ. ①TS207.3

中国版本图书馆 CIP 数据核字（2020）第 096504 号

中国劳动社会保障出版社出版发行

（北京市惠新东街 1 号　邮政编码：100029）

*

北京市艺辉印刷有限公司印刷装订　新华书店经销

787 毫米 ×1092 毫米　16 开本　16.75 印张　289 千字

2020 年 8 月第 1 版　2020 年 8 月第 1 次印刷

定价：65.00 元

读者服务部电话：（010）64929211/84209101/64921644

营销中心电话：（010）64962347

出版社网址：http://www.class.com.cn

内容简介

本教材由人力资源社会保障部教材办公室、中国就业培训技术指导中心上海分中心、上海市职业技能鉴定中心、上海食品科技学校依据食品检验（专项职业能力）职业技能鉴定细目组织编写。教材从强化培养操作技能，掌握实用技术的角度出发，较好地体现了当前最新的实用知识与操作技术，对于提高从业人员基本素质，掌握食品检验的核心知识与技能有直接的帮助和指导作用。

本教材在编写中根据食品检验员的岗位工作特点，以能力培养为根本出发点，采用模块化的编写方式。本教材内容共分为6章，包括走进食品检验世界，检验前期准备，样品采集、制备与前处理，食品理化检测，食品微生物检测，原始记录填写与结果报告。

本教材可作为食品检验（专项职业能力）职业技能培训与鉴定考核教材，也可供本岗位从业人员培训使用，全国中、高等职业技术院校相关专业师生也可以参考使用。

企业技能人才是我国人才队伍的重要组成部分，是推动经济社会发展的重要力量。加强企业技能人才队伍建设，是增强企业核心竞争力、推动产业转型升级和提升企业创新能力的内在要求，是加快经济发展方式转变、促进产业结构调整的有效手段，是劳动者实现素质就业、稳定就业、体面就业的重要途径，也是深入实施人才强国战略和科教兴国战略、建设人力资源强国的重要内容。

国务院办公厅在《关于加强企业技能人才队伍建设的意见》中指出，当前和今后一个时期，企业技能人才队伍建设的主要任务是：充分发挥企业主体作用，健全企业职工培训制度，完善企业技能人才培养、评价和激励的政策措施，建设技能精湛、素质优良、结构合理的企业技能人才队伍，在企业中初步形成初级、中级、高级技能劳动者队伍梯次发展和比例结构基本合理的格局，使技能人才规模、结构、素质更好地满足产业结构优化升级和企业发展需求。

高技能人才是企业技术工人队伍的核心骨干和优秀代表，在加快产业优化升级、推动技术创新和科技成果转化等方面具有不可替代的重要作用。为促进高技能人才培训、评价、使用、激励等各项工作的开展，上海市人力资源和社会保障局在推进企业高技能人才培训资源优化配置、完善高技能人才考核评价体系等方面做了积极的探索和尝试，积累了丰富而宝贵的经验。企业高技能人才培养的主要目标是三级（高级）、二级（技师）、一级（高级技师）等，考虑到企业高技能人才培养的实际情况，除一部分在岗培养并已达到高技能人才水平外，还有较大一批人员需要从基础技能水平培养起。为此，上海市将企业特有职业的五级（初级）、四级（中级）作为高技能人才培养的基础阶段一并列入企业高技能人才培养评价工作的总体框架内，以此进一步加大企业高技能人才培养工作力度，提高企业高技能人才培养效果，更好地实现高技能人才培养的总体目标。

为配合上海市企业高技能人才培养评价工作的开展，人力资源社会保障部教材办公室、中国就业培训技术指导中心上海分中心、上海市职业技能鉴定中心联合组织有关行业和企业的专家、技术人员，共同编写了企业高技能人才职业培训系列教材。本教材是系列教材中的一种，由上海食品科技学校负责具体编写工作。

企业高技能人才职业培训系列教材聘请上海市相关行业和企业的专家参与教材编审工作，以"能力本位"为指导思想，以先进性、实用性、适用性为编写原则，内容涵盖该职业的职业功能、工作内容的技能要求和专业知识要求，并结合企业生产和技能人才培养的实际需求，充分反映了当前从事职业活动所需要的核心知识与技能。教材可为全国其他省、直辖市、自治区开展企业高技能人才培养工作，以及相关职业培训和鉴定考核提供借鉴或参考。

新教材的编写是一项探索性工作，由于时间紧迫，不足之处在所难免，欢迎各使用单位及个人对教材提出宝贵意见和建议，以便教材修订时补充更正。

企业高技能人才职业培训系列教材
编审委员会

第一章 走进食品检验世界

第二章　检验前期准备

项目一　实验室器材的识别与使用

PAGE 38

项目二　常用试剂的配制

PAGE 64

第三章 样品采集、制备与前处理

项目一 样品的采集与制备

项目二 样品前处理

第四章 食品理化检测

项目一 食品中水分的测定

第六章　原始记录填写与结果报告

第一章 走进食品检验世界

民以食为天，食以安为先。食品安全问题关系人民群众的身体健康和生命安全，是国家和社会密切关注的问题之一。食品的安全保障离不开食品供应链的有效管理。食品检验作为食品安全保障措施之一，在食品安全保障中起着重要的作用。食品检验依据物理、化学、生物化学的一些基本理论和技术，按照一定的技术标准，对食品原料、辅助材料、半成品、成品及副产品的质量进行检验，其内容十分丰富。食品检验工作要求检验人员具有良好的职业素养、精湛的专业技能，以确保检验结果的准确性和可靠性，杜绝食品安全事故的发生。

项目一　食品检验安全认知

场景介绍

某食品企业招收了一批检验人员，主管朱主任看着这些朝气蓬勃的青年，语重心长地说："任何工作的首要前提就是安全，食品检验室存放有化学药品、易燃易爆物品等，在检验分析过程中经常会用到这些试剂，保障检验人员的人身安全、检验室财产安全、防止环境污染显得尤为重要。因此，新员工入职第一课就是'了解食品检验、认知实验室安全'！"

技能列表

序号	技能点	重要性
1	处理实验室废弃物	★★★★
2	及时处理理化分析室常见突发事件	★★★★
3	及时处理微生物检验室常见突发事件	★★★★

知识列表

序号	知识点	重要性
1	食品检验的定义及主要功能	★★★
2	食品检验的标准	★★★
3	食品检验员的分工与职责	★★★★
4	实验室安全管理基础知识	★★★
5	实验室废弃物的分类处理方法	★★★★
6	理化分析室常见突发事件的预防措施和处理方法	★★★★
7	微生物检验室常见突发事件的预防措施和处理方法	★★★★★

知识准备

食品检验工作是加强食品安全监管、保证消费者食用安全的关键环节。提高食品检验的能力和水平，为监管食品安全和保障公众健康发挥应有的作用，是每一位食品检验工作者的职责。

1.1.1 食品检验的定义及主要功能

1. 食品检验的定义

广义的食品质量检验（简称食品检验）是指研究和评定食品质量及其变化的一门学科，其依据物理、化学、生物化学的一些基本理论和各种技术，按照技术标准，如国际、国家食品卫生 / 安全标准，对食品原料、辅助材料、半成品、成品及副产品的质量进行检验，以确保产品质量合格。食品检验的内容包括对食品的感官检验，对食品中营养成分、食品添加剂、污染物、农药及兽药残留量的检测等。

质量检验的结果要根据产品技术标准和相关的产品图样、过程（工艺）文件或检验规程中的规定进行比较，确定每项质量特性是否合格，进而对单件产品或整批产品质量进行判定。

（1）食品。食品是指各种供人食用或者饮用的成品和原料，以及按照传统既是食品又是中药材的物品，但不包括以治疗为目的的物品。

（2）质量。质量是指一组固有特性满足要求的程度。质量的内容十分丰富，随着社会经济和科学技术的发展，也在不断地充实、完善和深化。

（3）检验。检验是科学名词，指用工具、仪器或其他分析方法检查各种原材料、半成品、成品等是否符合特定的技术标准、规格的工作过程。检验包括测定、比较、判定与处理四个环节。检验既适用于单个产品，也适用于成批产品；既适用于成品检验，也适用于半成品的工序检验。感官检验通常依靠检验员的主观判断和经验。

2. 食品检验的主要功能

食品检验的主要功能有四个，即鉴别、把关、预防和报告，见表 1–1–1。

表 1-1-1　　食品检验的主要功能

功能	说明
鉴别	根据技术标准、工艺规程或订货合同的规定，采用相应的检测方法观察、测量产品的质量特性，判定产品质量 鉴别是把关的前提，只有通过鉴别才能判断产品质量是否合格
把关	通过严格的质量检验，使不合格产品（原材料、中间产品、成品等）不投产、不转序、不出厂。质量把关是质量检验最重要、最基本的功能
预防	对原材料的进货检验，对中间过程转序或入库前的检验，既起把关作用，又起预防作用。主要体现在两个方面： （1）控制图的使用起预防作用 （2）作业的首检与巡检起预防作用
报告	把检验获取的数据和信息，经汇总、整理、分析后形成报告，为质量控制和改进提供了重要的信息和依据

1.1.2　食品检验的标准

标准是对重复性事物和概念所做的统一规定，以科学、技术和实践经验的综合成果为基础，经有关方面协商一致，由主管机构批准，以特定形式发布，作为共同遵守的准则和依据。

1. 标准的分类

（1）按照标准发生作用的有效范围划分（层级分类法），可分为三级，见表 1-1-2。

表 1-1-2　　按有效范围分类

标准等级	有效范围	说明
国际标准	世界	国际标准是指国际标准化组织（ISO）、国际电工委员会（IEC）和国际电信联盟（ITU）制定的标准，以及经国际标准化组织确认并公布的其他国际组织制定的标准
区域性标准	区域性	区域性标准是指两个或以上国家（或其他国际法主体）为实现共同的政治经济目的，依据其缔结的条约或其他正式法律文件制定的标准
国家标准	本国	各个国家制定的标准

（2）按照标准适用范围的不同，我国将标准分为五级，见表 1-1-3。

表 1-1-3　按适用范围分类

标准等级	适用范围	说明
国家标准	全国	对保障人身健康和生命财产安全、国家安全、生态环境安全以及满足经济社会管理基本需要的技术要求，应当制定强制性国家标准。由国务院标准化行政主管部门制定
行业标准	各行业	对没有强制性或推荐性国家标准、需要在全国某个行业范围内统一的技术要求，可以制定行业标准。由国务院有关行政主管部门制定，报国务院标准化行政主管部门备案
地方标准	各省、自治区、直辖市	地方标准是由地方（省、自治区、直辖市）标准化主管机构或专业主管部门批准并发布的、在某一地区范围内统一的标准。由省、自治区、直辖市标准化行政主管部门制定，报国务院标准化行政主管部门和国务院有关行政主管部门备案
企业标准	企业内部	企业生产的产品没有国家标准和行业标准的，应当制定企业标准，作为组织生产的依据。由企业制定，并报有关部门备案
团体标准	团体内部	团体标准是按照团体确立的标准制定程序自主制定发布，由社会自愿采用的标准。由团体制定、发布

知识链接

五类标准间的关系

国家标准：国家标准分为强制性标准和推荐性标准。强制性标准必须执行；推荐性标准一经接受并采用，或各方商定同意纳入经济合同中，就成为各方必须共同遵守的技术依据，具有法律上的约束性。

行业标准：行业标准不得与有关国家标准相抵触。行业标准在相应的国家标准实施后，即行废止。

地方标准：一般有利于发挥地区优势、提高地方产品的质量和竞争能力，同时也使标准更符合地方实际，有利于标准的贯彻执行。但凡有国家标准、行业标准的不能制定地方标准，军工产品、机车、船舶等也不宜制定地方标准。

企业标准：没有国家标准和行业标准的，应当制定企业标准，作为组织生产的依据，并报有关部门备案。

团体标准：国家鼓励学会、协会、商会、联合会、产业技术联盟等社会团体协调相关市场主体共同制定满足市场和创新需要的团体标准，由本团体成员约定采用或者按照本团体的规定供社会自愿采用。

（3）按照国家标准的性质，国家标准分为两种，见表 1-1-4。

表 1-1-4　　按性质分类

标准名称	定义	代号
强制性国家标准	具有法律属性，在一定范围内通过法律、行政法规等强制手段加以实施的国家标准	GB
推荐性国家标准	在生产、检验、使用等方面，通过经济手段或市场调节而自愿采用的国家标准	GB/T

2. 食品检验常用的标准

在食品的日常检验工作中常用到各种不同类型的标准，如食品安全国家标准、地方标准、行业标准、检测方法标准、产品标准等。

（1）食品安全国家标准。食品检验中常用的食品安全国家标准较多，常用的标准见表 1-1-5。

表 1-1-5　　常用的食品安全标准

标准代号	标准名称
GB 2760	《食品安全国家标准　食品添加剂使用标准》
GB 2761	《食品安全国家标准　食品中真菌毒素限量》
GB 2762	《食品安全国家标准　食品中污染物限量》
GB 2763	《食品安全国家标准　食品中农药最大残留限量》
GB 7718	《食品安全国家标准　预包装食品标签通则》
GB 13432	《食品安全国家标准　预包装特殊膳食用食品标签》
GB 28050	《食品安全国家标准　预包装食品营养标签通则》

（2）食品检验方法标准。食品检验中常用的检验方法标准较多，常用的标准见表 1-1-6。

表 1-1-6　　常用的食品检验方法标准

标准代号	标准名称
GB/T 5750	《生活饮用水标准检验方法》系列标准
GB 4789	《食品安全国家标准　食品微生物学检验》系列标准
GB/T 5009.1	《食品卫生检验方法　理化部分　总则》

（3）食品产品标准。我国食品种类繁多，相对应的各类产品标准较多，见表 1–1–7。

表 1–1–7　　食品产品标准

标准类别	标准代号	标准名称
国家标准	GB 5749	《生活饮用水卫生标准》
	GB 2726	《食品安全国家标准　熟肉制品》
行业标准	NY/T 629	《蜂胶及其制品》
	SB/T 10379	《速冻调制食品》
	QB/T 2489	《食品原料用芦荟制品》
地方标准	DBS15/001.1	《食品安全地方标准　奶茶粉》
	DBS51/008	《食品安全地方标准　花椒油》
团体标准	T/HNSTRYYS 0002	《食品安全团体标准　天然饮用水》
	T/HYMPLA 001	《运河红烧羊肉》
企业标准	Q/KRDC 0010 S	《香酥鱼罐头》

1.1.3　食品检验员的分工与职责

1. 食品检验员的分工

在食品企业和第三方检测机构，食品检验人员不等于食品检验员，食品检验人员包括检验人员、技术管理人员和辅助人员，见表 1–1–8。本书中所指的食品检验人员仅指“检验人员”，行业中称为“食品检验员”。

表 1–1–8　　食品检验人员的分工

分工	说明
检验人员	采样、受理、试剂和耗材管理、检测、报告审核等人员
技术管理人员	报告编制、质量监督、内审、技术负责等人员，以及质量主管和部门主管
辅助人员	样品管理、设备管理、文件管理、采购等人员

2. 食品检验员的职责

（1）职业素质

1）科学求实，公正公平。依据客观、科学的检测数据，独立、公正地做出判断。

检验数据和结论不准确、不公正、不客观，严重威胁广大人民群众的身体健康和生命安全，也可能会给合法生产经营企业造成不良影响。因此，食品检验员应当严格遵守有关法律、法规的规定，按照食品安全标准和检验规范对食品进行检验，尊重科学，恪守职业道德，实事求是，不出具数据虚假和结果失真的检验报告，保证出具的检验结论客观、公正。

2）程序规范，注重时效。按照检验工作程序和标准进行检测，对检测过程实行有效的控制和管理，提供准确可靠的检测结果。

3）秉公检测，严守秘密。严格按照规章制度实施检测工作，不受干扰和影响，按相关规定保守技术和商业秘密。

（2）岗位职责

1）采样人员

①采样时，严格遵守采样计划或客户委托的采样要求。

②监督抽查时，主动向被采样单位出示采样文件、介绍信和工作证。

③现场填写采样单，字迹工整、信息齐全、不得随意涂改（需修改的，应在需修改处划双杠，并签名）。采样单必须有双方签字盖章方能生效。

④不得在采样前通知受检单位，不得接受企业的礼品、礼金和各种有价证券；不得以各种关系或理由购买低于规定价格的产品。

2）样品受理人员

①检查所接收样品的委托单或采样单，核对样品数量、状态等信息。信息准确、全面、完善，不得随意涂改，在需修改处划双杠并签名或盖章。

②检查委托单或采样单。填写应规范、准确、完整，字迹清晰，如信息栏有空缺或字迹不清，应与相应的客户代表沟通，让其填写完整、清晰。否则视为废单，不予接收。

③根据监测项目的要求，分别开启理化或微生物检测任务流转单。

④给样品贴上标签，将检测样品送入实验室，留样样品入库。

3）试剂和耗材管理员

①编制实验室物资（除标准物质和仪器设备）清单。

②向采购员提出实验室的采购要求。

③对购进的物资（除标准物质和仪器设备）做好验收、入库及领用登记记录。

④定期对仓库物品进行清查、整理和报废，并做好记录。

⑤编制供应商（除标准物质和仪器设备）清单。

4）检测人员

①正确理解和认真执行有关标准、产品技术条件中的规定。根据检验任务单、检验细则和检验安全操作规程的要求正确进行检测。

②正确、完整、清晰地做好检验原始记录，并及时上交，对检验结果的正确性负责。

③熟悉并能正确使用本岗位的仪器设备，会排除一般故障，严格遵守安全操作规程规范操作。负责本岗位仪器设备的日常保养，保证设备的完好率。

④检测工作中不得擅自离开工作岗位，不得擅自委托他人代替自己进行检测。

⑤检测结束后应填写仪器使用记录表，并整理好仪器设备，打扫周围环境，离岗时要检查水、电、气，防止发生事故，做到文明、安全检测。

⑥将废弃物放入专用的容器内，对检出致病菌的物品应进行高温灭菌后再处理。

5）报告审核人员

①了解样品性能，掌握标准、计量、质量法规等方面的知识。

②审定检验数据的可信性以及检验结论的正确性，必要时要对原始记录进行抽查核对。

③在未提供检验原始记录单时，可以拒绝审核检验报告。

④审核无误后签字确认。

1.1.4 实验室安全管理

食品检验分析实验室通常包含样品处理室、留样室、感官评定室、理化分析室、仪器分析室、标品贮存室、毒素分析室、微生物检验室、天平室、档案室等，其中，最主要的是理化分析室和微生物检验室。

1. 理化分析室安全管理

在日常的食品检验中，经常使用有腐蚀性、有毒、易燃、易爆的各类试剂，易破损的玻璃仪器，各种电气设备等。为保证检验人员的人身安全和实验室操作的正常进行，食品检验员应具备安全操作基本常识，了解和熟悉各种防护标识，遵守实验室的安全守则。

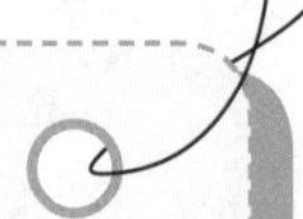

理化分析室安全规则

（1）理化分析室内禁止饮食和吸烟。

（2）使用有毒和有腐蚀性物品（如浓硝酸、浓硫酸等）时，应在通风橱中进行操作。

（3）剧毒物质（如氰化物、砷化物等），要有专人管理并保存于专用柜中，使用时要采取必要的防护措施。

（4）易燃易爆的试剂要远离火源，有人看管。易燃溶剂加热时应采用水浴或沙浴，并注意避免明火。高温物体（如灼热的坩埚等）应放在隔热材料上，不可随意放置。

（5）使用煤气灯时，应先将空气孔调小再点燃火柴，然后一边开启煤气开关，一边点火。不允许先打开煤气灯，再点燃火柴。点燃煤气灯后，调节火焰大小。

（6）使用电器设备时，要防止触电，切不可用湿手或湿物接触电闸和电器开关。若发现设备工作异常，应停机并报告相关责任人员。实验结束应及时切断电源。

（7）理化分析室应备有急救药品、防护用品和有效可靠的消防设施。

（8）理化分析室出现事故时，检验人员应及时处理。精密仪器着火时，要用二氧化碳灭火器灭火；油类及可燃性液体着火时，可用沙、湿衣服等灭火；金属物和发烟硫酸着火时，最好使用黄沙灭火；由电路引起的火，应首先切断电源，再进行灭火，注意做好防护措施。

2. 微生物检验室安全管理

微生物检验的对象有可能是致病的病源微生物，如果发生意外，可能造成不可估量的损失，甚至引发病源微生物的传播，所以必须注意安全。

微生物检验室安全规则

（1）无菌操作间应具备洁净的环境和设施，定期检测洁净度，使其环境符合要求。

（2）检验室内禁止带入与检验无关的物品，禁止饮食、吸烟。进入检验室应穿工作服，进入无菌室应穿戴专用的工作服和鞋帽。进入二级生物检验室，必须穿戴防护物品。

（3）检验操作过程中，如操作台或地面污染（菌液溢出，细菌培养皿被打破等），应立即喷洒消毒液，待消毒液彻底浸泡 30 min 后再进行清理；如污染物溅落在身体表面，或有割伤、烧伤、烫伤等情况，应进行紧急处理，皮肤表面用消毒液清洗，伤口以碘酒或酒精消毒，眼睛用无菌生理盐水冲洗。

（4）每次操作结束后，立即清理工作台面（用消毒液或 75% 酒精消毒）。操作时所用的带菌材料（如吸管、玻片等）应放在消毒容器内，不得放置在桌面或冲洗于水槽内。

（5）染菌后的吸管，使用后放入 5% 苯酚（俗称石炭酸）溶液中，至少浸泡 24 h（消毒液体不得低于浸泡物的高度），再进行高压灭菌处理。

（6）经微生物污染的培养物，必须经高压灭菌处理。

无论是液体试剂还是固体试剂，使用时都应该遵循“量用为出，只出不进”的原则，倒出的试剂不得再放回原试剂瓶中。

3. 实验室安全标识

（1）禁止标识

禁止入内	禁止明火	禁止携带首饰、金属物等

禁止触摸
禁止用嘴吸液
禁止乱扔废弃物

（2）警告标识

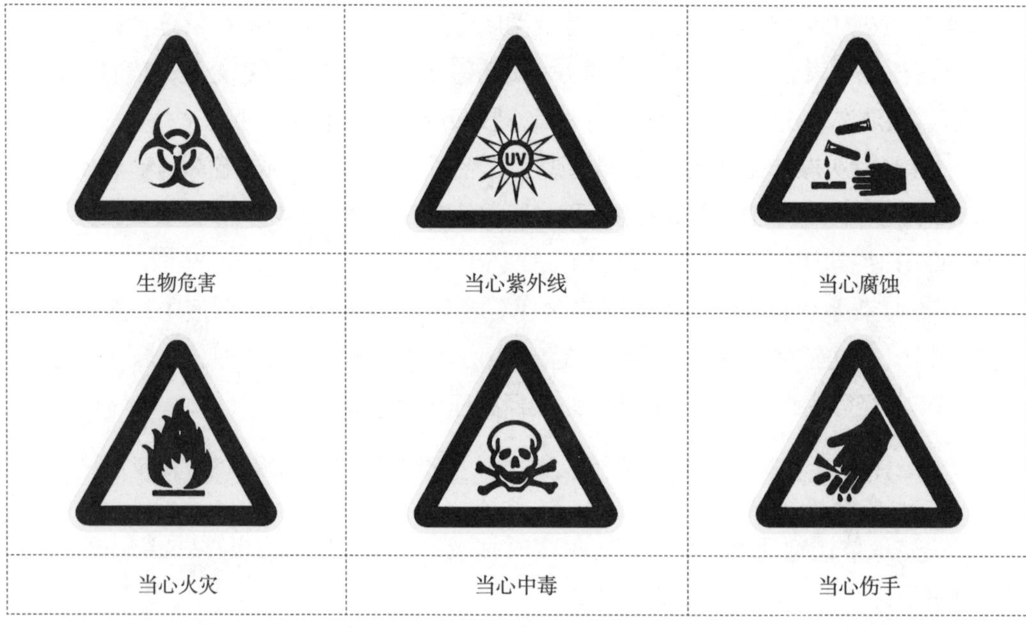
UV
生物危害
当心紫外线
当心腐蚀
当心火灾
当心中毒
当心伤手

（3）指令标识

必须穿工作服
必须戴防护镜
必须戴一次性口罩

必须戴防护手套　必须穿防护鞋　必须手消毒

（4）提示标识

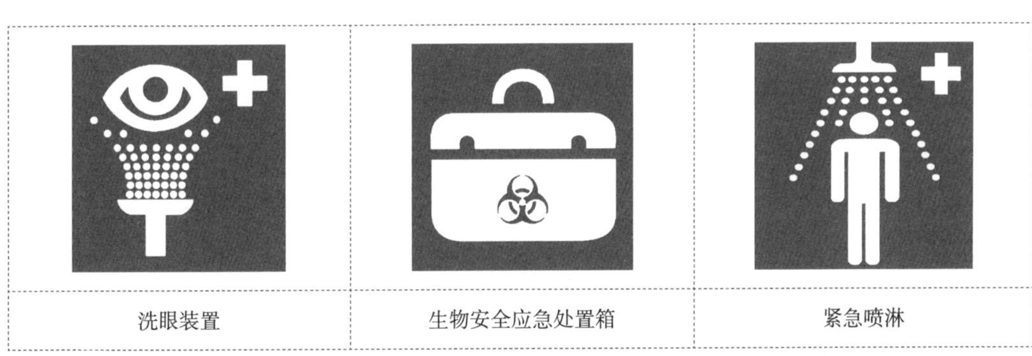

洗眼装置　生物安全应急处置箱　紧急喷淋

4. 实验室试剂保管要点

（1）试剂应存放在避光、阴凉、有通风设备的房间。实验室应尽量少存放化学试剂，特别是有机溶剂。化学试剂较多时，应按照各种试剂的物理、化学性质分类保管。

（2）性质稳定的固体盐可按阳离子或阴离子分类，有机试剂可按酸碱剂、氧化还原剂等分类，有机液体试剂可按醇、醛、酸、酮、醚等分类，无机酸按酸分类。

（3）剧毒试剂（如氰化钾钠、氧化砷、汞盐等）应有专人保管，遵守“五双”制度，即双人双锁、双人收发、双人使用、双人管理、双人运输，各个环节均实行登记手续。

1.1.5　实验室废弃物的处理

1. 理化分析室废弃物的处理

理化分析室废弃物分为毒性化学物质、有机废液、无机废液、一般固体废弃物等。

（1）毒性化学物质。其废弃物按有关规定处理。

（2）有机废液。有机废液中除剧毒与有致癌作用的溶剂外，可分为下列三种。

1）醇类及低碳酮类化合物可用大量清水稀释后，由下水道排放。

2）含卤素碳氢化合物集中收集于固定容器，定期由专人按实验室废弃物处理规定进行处理。

3）无机或有机酸碱需中和至中性或以大量清水稀释，由下水道排放。

（3）无机废液

1）含重金属废液集中收集于固定容器，定期由专人处理。

2）一般无机化合物溶液可用大量清水稀释后，由下水道排放。

（4）一般固体废弃物

1）一般废弃物贮存于桶或玻璃瓶中，并在容器外做好标注。

2）贮存桶容器材料不得与废弃物起化学反应。不得使用严重生锈、损坏的贮存桶，其装有易燃性废弃物时，存放点应远离建筑物 15 m 以上。贮存桶应于表面明显处标识内容物及贮存起始日期，在装填、贮存或搬运过程中，应避免容器受损。

3）贮存位置应禁止烟火，严防渗水，以防意外发生。

2. 微生物检验室废弃物的处理

（1）无回收利用价值且无潜在生物危害的一般固体废弃物可直接丢弃在垃圾桶内。

（2）无回收利用价值、无可燃性挥发物且无潜在生物危害的一般液体废弃物可直接由下水道排放。

（3）操作任何有潜在生物危害的废弃物时，必须戴手套、口罩，穿防护服。

（4）所有收集有潜在生物危害的废弃物容器都应有“生物危害”标识。

（5）用塑料袋或容器盛装废弃物时，不应超过总容量的 3/4。

（6）处理有潜在生物危害的液体废弃物时，应确保盛装容器完好。

（7）对于有多种成分混合的废弃物，应按危害等级较高者处理。

（8）有潜在生物危害的废弃物、设备和玻璃器皿均应通过高压蒸汽灭菌去除污染。处理过程应保证在 121 ℃进行，时间 20～30 min。

1.1.6 实验室突发事件的处理

1. 实验室突发事件处理的一般要求

（1）所有人员保持冷静，严格遵循突发事件的处理流程。

（2）应按照实验室安全管理程序和相关制度，使用实验室内安全与保护设施。

（3）应避免盲目冲动而导致更大危险事件的发生，并及时向实验室负责人报告。

（4）检测作业时，如发生安全事故，应立即停止检测工作，采取必要的应急处理措施。

（5）应在实验室区域配置消防设施，并定期检查。

2. 理化分析室和仪器保管室突发事件的处理

理化分析室和仪器保管室必须安装换气设备，保持室内空气流动，维持仪器、药品良好的存放环境。

（1）环境污染处理

1）当发生意外导致实验室废弃物对室内外环境造成影响时，应严格按照规定处置，设置警戒线或隔离装置，及时疏散人员。

2）重大环境污染事故应由实验室负责人向本地环保部门和消防部门报告。

3）现场检测作业时，如发生环境污染事故，应立即停止检测工作，采取必要的应急处理措施，并及时向实验室负责人报告。

（2）溅洒处理

1）试剂溅洒之后，应及时离开溅洒区域，必要时关闭门窗，通知其他工作人员，避免进入污染区，直至救援人员到达。

2）轻微溅洒时，在确保知晓该物质的危害性时，可以自行对其进行清理。

3）较大溅洒时，应马上通知有关人员撤离，如为易燃物品，应关闭点火器、电源等，关闭受影响区域的门窗，直至救援人员到达。

4）如工作服上溅洒有毒化学试剂，应立即用水冲洗，注意不要用任何中和试剂或缓冲液。

5）如眼内溅入试剂或眼部暴露于腐蚀性气体中，应立即用洗眼器充分冲洗，冲洗时间不少于 15 min，不要用任何中和方法进行处理。

6）溅洒发生后，如需离开现场寻求帮助，应在溅洒区域设置警告标识。

7）在溅洒处理过程中，处理人员必须采取必要的防护设施。所有处理溅洒物的废弃物也需遵循有关规定处置。

（3）化学灼伤处理

1）酸灼伤处理。立即用水冲洗是重要而有效的急救措施。冲洗时宜用冷水，冲洗时间一般要持续 30 ~ 60 min；若涉及生命危险，如氢氟酸灼伤，应尽快送至附近医院医治。

小贴士

头面部灼伤时应注意眼的冲洗，硫酸等化学物质遇水产热可加重局部损伤，可用洁净棉纱、纸巾等有吸水功能的物品将体表的残留酸液吸掉，然后再用水冲洗。

2）碱灼伤处理

①氨灼伤处理。应脱去污染衣物，用流动清水冲洗被灼伤的皮肤 20 min 以上。

②氢氧化钾灼伤处理。应冲洗至创面无肥皂样滑腻感，不要用酸性液体冲洗；眼睛灼伤应立即用大量流动清水冲洗，伤员也可把面部浸入充满流动水的器皿中清洗，至少冲洗 15 min，然后再用生理盐水冲洗，并滴入可的松眼液与红霉素眼药水。

③生石灰灼伤处理。应先清扫掉沾在皮肤上的生石灰，再用大量的清水冲洗，不得将沾有生石灰的伤部直接泡在水中，以免生石灰遇水生热加重伤势。

（4）烫伤处理。烫伤时应采取降温措施，立即用水连续冲淋至少 15 min，再从急救箱中取出烫伤膏涂抹。烫伤严重时应尽快送往医院进行专业治疗。

3. 微生物检验室突发事件的处理

（1）应急措施。应当采取必要措施，防止致病性微生物扩散，并同时向有关部门报告，报告内容包括姓名、报告时间、地点、涉及人数、可能的临床表现。

（2）预防与控制措施

1）封闭被病原微生物污染的检验室或者可能造成病原微生物扩散的场所。

2）进行现场消毒，用 2.5% 二氧化氯或 75% 酒精喷洒现场，作用 15 min 以上。

3）对密切接触者进行医学观察，对相关人员进行医学检查。

4）对染菌或者疑似染菌的动植物采取隔离、灭杀等措施。

5）消毒后，对现场进行采样，做相应的微生物检测，判断消毒是否彻底。

6）工作人员出现与本检验室从事高致病性病原微生物相关检验活动有关的感染临床症状或者体征时，实验室负责人应当向有关部门或者负责人报告，同时派专人采取相应的保护措施陪同及时就诊。工作人员应当将近期所接触病原微生物的种类和危险程度如实告知诊治医疗机构。

4. 火灾的处理

（1）局部发生较小的火情时，应及时采取恰当的措施进行扑灭。

（2）火情不能控制时，立即报警，所有人员立即沿安全通道撤离，并远离火场。

（3）人员撤离时应果断迅速，注意自身防护，并帮助他人进行逃生。

任务实施

任务一　食品检验岗位工作识别

活动 1：在图片下方准确填写检验人员的工作内容

	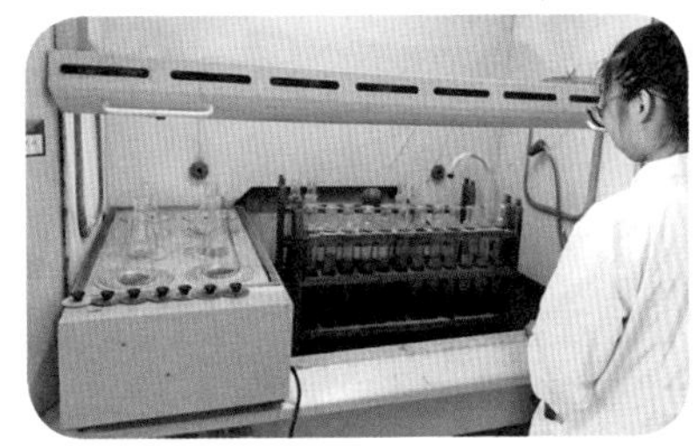

活动 2：列举下列岗位的主要职责

岗位名称	主要职责
采样人员	

续表

岗位名称	主要职责
样品受理人员	
试剂和耗材管理人员	
检测人员	
报告审核人员	

任务二　实验室安全防护

活动 1：在图片下方准确填写实验室安全标识的名称

活动 2：简述下列事件的预防与处理

实验事件与突发事故		预防与处理
实验事件	1. 倾倒浓硫酸	
	2. 进入二级生物实验室	
	3. 使用易燃易爆试剂	
突发事故	1. 电路起火	
	2. 氢氟酸灼伤	
	3. 菌液污染操作台面	

活动 3：简述下列常见废弃物的处理方法

废弃物名称	处理方法
乙醚	
40% 氢氧化钠溶液	
使用过的酒精棉球	
含菌吸管	
剩余检验样品	

拓展内容

企业标准

食品相关企业标准应当以保障公众身体健康为宗旨，由食品生产企业组织制定，并由企业法定代表人或者主要负责人批准发布，在企业内部适用。相关食品行业协会可加强指导，提供技术服务。

企业是企业标准的主体责任人，应当对企业标准内容的真实性、合法性负责，确保按照企业标准组织生产，并对企业标准实施后果承担相应的法律责任。

一、企业标准的制定与备案

根据《中华人民共和国标准化法实施条例》的规定，企业生产的产品没有国家标准、行业标准和地方标准的，应当制定相应的企业标准，作为组织生产的依据。企业标准由企业组织制定（农业企业标准制定办法另定），并按省、自治区、直辖市人民政府的规定备案。

对已有国家标准、行业标准或者地方标准的，鼓励企业制定严于国家标准、行业标准或者地方标准要求的企业标准，在企业内部适用。

二、企业标准制定的基本要求

1. 标准应符合国家法律、法规的规定，不得与强制性国家标准相悖。

2. 标准的结构应符合 GB/T 1.1《标准化工作导则　第 1 部分：标准化文件的结构和起草规则》的要求。

3. 标准的内容一般包括标准名称、编号、适用范围、术语和定义、控制指标及数值、出厂检验项目、检验方法、实施日期等。

4. 企业制定的各类标准不可自相矛盾。

5. 制定企业标准应当充分听取使用单位、科学技术研究机构的意见。

6. 企业标准的代号、编号方法，由国务院标准化行政主管部门会同国务院有关行政主管部门规定。

只有符合上述要求的企业标准，才能在企业内部有效实施。

小贴士

1. 当国家标准、地方标准等发生变化时，应当及时废止或修订企业标准，并根据要求及时公开。

2. 企业标准制定后应按规定向有关部门备案。备案时，应当注明适用的企业名称、注册地址等信息。

三、企业标准制定的一般程序

1. 成立标准制定小组

小组的成员通常包括本企业技术专家、产品研发人员、技术骨干等，必要时可聘请外部的专家给予指导。

2. 制订方案，起草标准

根据产品的性能要求，结合本企业的工艺技术水平，制订方案，起草标准。

3. 修订标准

标准初稿完成后，小组内应对每一条款认真推敲，修订标准，确保标准的科学性、合理性、可操作性，形成征求意见稿。

4. 再次修订标准

征求意见稿汇集了企业内部、行业单位及有关专家的意见，可根据这些意见再次修订标准，以进一步完善标准。

5. 交相关部门备案

按照相关规定向有关部门备案。

6. 发布实施

在企业内部正式发布实施。

理论知识复习

一、判断题

1. 食品就是可以食用的物品。 (　　)
2. 食品检验包括感官检验、理化检验和微生物检验。 (　　)
3. 质量“把关”是质量检验最重要、最基本的功能。 (　　)
4. 标准是对重复性事物和概念所做的统一规定。 (　　)

5. 国家标准分为强制性国家标准和推荐性国家标准。（　）

6. 使用有毒和有腐蚀性物品时，应在通风橱中进行操作。（　）

7. 进入二级生物实验室，必须穿戴防护用品。（　）

8. 强酸灼伤时，必须先用大量流动清水彻底冲洗，然后在皮肤上擦拭碱性药物，否则会加重皮肤损伤。（　）

二、单项选择题

1. 质量检验的结果要依据产品（　）和相关的产品图样、过程（工艺）文件或检验规程中的规定进行比较。

A. 技术标准　　B. 质量要求

C. 质量特性　　D. 特殊要求

2. 只有通过鉴别，才能判断（　）是否合格。

A. 产品质量　　B. 产品价格

C. 产品特性　　D. 产品参数

3. 根据检验结果，分析产品报废原因，促进质量改进，体现了质量检验的（　）功能。

A. 鉴别　　B. 把关　　C. 预防　　D. 报告

4. 我国的标准分为国家标准、行业标准、地方标准、企业标准和（　）。

A. 理化标准　　B. 微生物标准

C. 团体标准　　D. 卫生标准

5.《食品安全国家标准　食品添加剂使用标准》标准代号是（　）。

A. GB 5009　　B. GB 4789

C. GB 2760　　D. GB 2763

6. 实验完成后，固体废弃物及废液处置正确的是（　）。

A. 倒入水槽中

B. 倒入垃圾桶中

C. 任意弃置

D. 分类收集后，送中转站暂存，然后交由有资质的单位处理

7. 精密仪器着火时，应使用（　）灭火。

A. 二氧化碳灭火器　　B. 水

C. 黄沙　　D. 湿毛巾

8. 在使用设备时，如果发现设备工作异常，应（　　）。

A. 停机并报告相关负责人员　　B. 关机，离开现场

C. 继续使用，注意观察　　D. 停机，自行维修

三、简答题

1. 简述食品检验的主要功能。

2. 简述企业标准制定的基本要求。

项目二　微生物检验室消毒与灭菌认知

场景介绍

食品中微生物检验的项目有菌落总数测定、大肠菌群计数、霉菌和酵母计数、致病菌检测等，必须在专用检验室中进行，并配备超净工作台和生物安全柜，防止污染，保障食品检验员的人身安全。因此，对于一个新入职的食品检验员来说，必须了解微生物检验室的构造和不同物品的消毒灭菌方法。

技能列表

序号	技能点	重要性
1	对不同物品进行消毒、灭菌	★★★★★
2	对无菌室进行消毒、灭菌	★★★★★

知识列表

序号	知识点	重要性
1	微生物检验室的一般要求	★★★
2	无菌室的基本结构与要求	★★★★
3	灭菌、消毒和防腐的定义	★★★★
4	常用的灭菌方法	★★★★
5	不同物品的消毒灭菌方法	★★★★★
6	影响消毒和灭菌的因素	★★★

知识准备

1.2.1 微生物检验室的基本要求

1. 微生物检验室的一般要求

微生物检验室通常包括准备间、洗涤灭菌室、培养室、无菌室等，如图 1-2-1 所示。微生物检验室的房间数可按照条件允许配置，但必须有独立的无菌室。各房间、仪器设备、操作台及橱柜的布局应符合单方向工作流程，根据清洁与污染情况进行安排，避免引起交叉污染。地面和四壁应平滑，便于清洁和消毒；室内通风良好；有安全、适宜的电源和充足的水源，以及存放试剂及物品的橱柜。

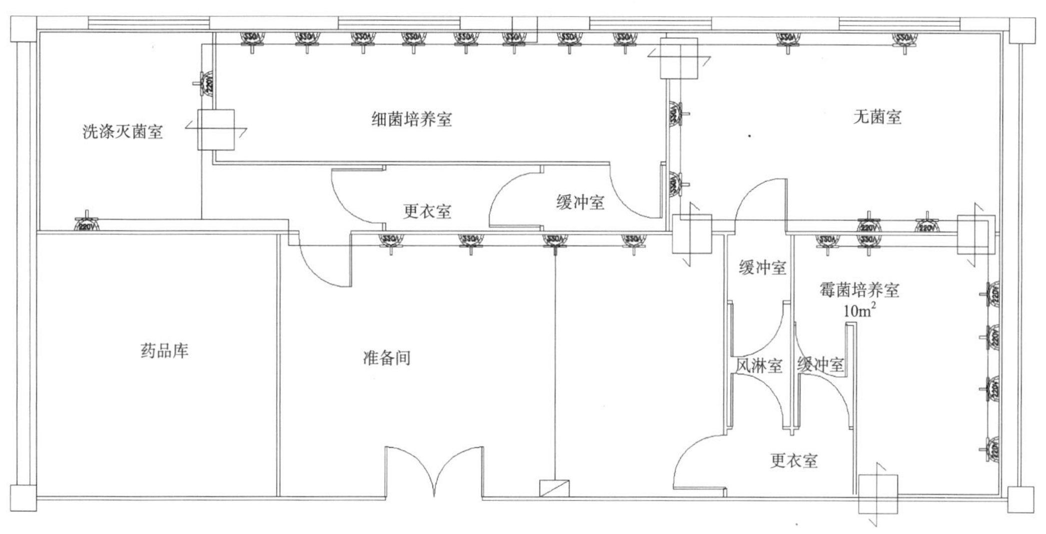

图 1-2-1 微生物检验室布局图

2. 无菌室的基本结构与要求

（1）无菌室的基本结构。无菌室通常包括缓冲间和工作间两部分。为了便于无菌处理，无菌室的面积不宜过大，以适宜操作为准，一般为 9 ~ 12 m^2。缓冲间与工作间面积的比例可为 1 : 2，高度 2.5 m 左右。工作间内设有固定的工作台、紫外线灯、空气过滤装置及通风装置，较为理想的应有空调设备、空气净化装置，以便在进行微生物检验时切实达到无尘无菌。工作间的内门与缓冲间的门力求迂回，避免直接相通，减少无菌室内的空气对流，以保证工作间的无菌条件。

知识链接

紫外灯管更换与安装

无菌室的紫外灯管每隔两周需用75%酒精棉球轻轻擦拭，清洁灯管表面。每月进行一次紫外灯管辐照强度测试，当辐照强度小于70 uW/cm^{2}时，应更换紫外灯管。

无菌室（包括缓冲间、传递窗）每3 m^{2}要配备一盏功率为30 W的紫外线灯。

（2）无菌室的要求

1）无菌室内墙壁光滑，应尽量避免死角，以便于洗刷消毒。

2）应保持防尘、清洁、干燥。进行操作时，尽量避免走动。

3）室内设备简单，禁止放置杂物。

4）无菌室的大小应按每个操作人员使用面积不低于3 m^{2}设置。

1.2.2　灭菌、消毒和防腐的定义

1. 灭菌

灭菌是指杀灭物体中或物体上所有微生物（包括病原微生物和非病原微生物）的繁殖体和芽孢的过程。

2. 消毒

消毒是指用物理、化学或生物学的方法杀死病原微生物的过程。具有消毒作用的药物称为消毒剂，一般消毒剂在常用浓度下，只对细菌的繁殖体有效，对于细菌芽孢无杀灭作用。

3. 防腐

防腐是指利用某种理化因素完全抑制霉腐微生物生长繁殖的过程。

1.2.3　常用的灭菌方法

目前，常用的灭菌方法多采用物理灭菌法（如干热灭菌法、湿热灭菌法、射线杀菌法、过滤除菌法等）和化学灭菌法（化学消毒剂灭菌法、抗生素抑菌法）两大类。

1. 物理灭菌法

（1）干热灭菌法。干热灭菌法是指在干燥环境下用高温杀死细菌和芽孢的技术。一般可以利用恒温干燥箱内 160 ~ 170 ℃的高温，并保持 90 ~ 120 min，杀死细菌和芽孢，达到灭菌目的。该方法主要适用于不便在压力蒸汽灭菌器中进行灭菌，且不易被高温损坏的玻璃器皿、金属器械以及不能和蒸汽接触物品的灭菌。用此方法灭菌后的物品干燥，易于贮存。酒精灯火焰烧灼灭菌法也属于干热灭菌法，在进行微生物检测工作时，常利用工作台面上的酒精灯火焰对金属器具及玻璃器皿口缘进行补充灭菌。

（2）湿热灭菌法。湿热灭菌法有巴氏消毒法、煮沸消毒法、流通蒸汽消毒法和高压蒸汽灭菌法。高压蒸汽灭菌法是目前最常用的一种湿热灭菌方法，其利用高压蒸汽以及在蒸汽环境中存在的潜热作用和良好的穿透力，使菌体蛋白质凝固变性，达到灭菌目的。该方法适用于布类工作衣、各种器皿、金属器械、胶塞、蒸馏水、棉塞、纸和耐热培养基的灭菌。

（3）射线灭菌法。射线灭菌法是一种利用射线特性破坏细胞结构来杀菌的方法。射线灭菌法主要包括辐射灭菌法、紫外线灭菌法和微波灭菌法。在食品检验中，通常采用紫外线灭菌法，即利用紫外线灯进行照射灭菌的方法。紫外线是通过破坏微生物的核酸、蛋白质等使其灭活，适用于实验室空气、地面、操作台面的灭菌，灭菌时间一般为 30 min。用紫外线杀菌时应注意，不能边照射边进行实验操作，因为紫外线不仅对人体皮肤有伤害，而且对培养物及一些试剂等也会产生不良影响。

（4）过滤除菌法。过滤除菌法是将液体或气体通过有微孔的滤膜过滤，使大于滤膜孔径的细菌等微生物颗粒阻留，从而达到除菌目的的方法。过滤除菌法大多用于遇热易发生分解、变性而失效的试剂、酶液、血清、培养基等。目前，常用的有微孔滤膜、金属滤器或塑料滤器正压过滤除菌，或玻璃细菌滤器、滤球负压过滤除菌。滤膜孔径一般在 0.22 ~ 0.45 μm 范围内，溶液通过滤膜后，细菌和孢子等因大于滤膜孔径而被阻。

2. 化学灭菌法

（1）化学消毒剂灭菌法。化学消毒剂灭菌法用于不能利用物理方法进行灭菌的物品、空气、工作面、操作者皮肤、某些实验器皿等。常用的化学消毒剂包括甲醛溶液、高锰酸钾溶液、70% ~ 75% 酒精、过氧乙酸溶液、来苏水、0.1% 苯扎溴铵溶液、环氧乙烷溶液、碘伏、碘酊等。其中利用 70% ~ 75% 酒精、0.1% ~ 0.2% 氯化汞、10% 次氯酸钠、饱和漂白粉等进行实验材料的灭菌；利用甲醛加高锰酸钾［（2 mL 甲醛 +1 g 高锰酸钾）/m^3］或乙二醇（6 mL/m^3）等加热熏蒸进行无菌室和培养室的消毒。在使用时应注意安全，特别是用在皮肤或实验材料上的消毒剂，需选用合适的药剂种类、浓度和处理时间，才能达到安全和灭菌的目的。

（2）抗生素抑菌法。主要用于培养基的配制，是培养过程中预防微生物污染的重要手段，也可以作为微生物污染不严重时的“急救”措施。常用的抗生素有青霉素、链霉素、新霉素等。

 知识链接

常用玻璃器皿的包扎和加塞方法

平皿用纸包扎或装在金属平皿筒内；三角瓶在棉塞与瓶口外再包以厚纸，用棉绳以活结扎紧；吸管用拉直的曲别针将脱脂棉花轻轻捅入管口（松紧必须适中，管口外露的棉花可统一通过火焰烧去），灭菌时将吸管装入金属管筒内进行灭菌，也可用纸条斜着从吸管尖端包起，逐步向上卷，头端的纸卷捏扁并拧几下，再将包好的吸管集中灭菌。

1.2.4 不同物品的消毒灭菌方法

1. 无菌室灭菌

无菌操作是指在无菌室或超净台中进行以防止微生物进入人体或污染供试菌的操作技术。食品微生物的检验操作必须在无菌环境中进行，所使用的器皿、培养基，甚至实验操作环境都应该是无菌状态。

由于无菌室的污染来源主要是空气中的细菌和真菌孢子，因此对于经常使用的无菌操作室，在每次使用前都应进行地面卫生清洁，并用紫外线灯照射 30 min，进行空气灭菌；对于超净工作台，每次操作前用紫外灯照射 30 min，然后用 70%～75% 酒精擦拭。对于长期停用的无菌操作室，启用时应采用加热熏蒸或氧化熏蒸进行灭菌。

（1）加热熏蒸。按熏蒸空间计算、量取甲醛溶液，盛在小铁筒内，用铁架支好，在酒精灯内注入适量酒精（估计能蒸干甲醛溶液所需的量，不要过量）。将室内各种物品准备妥当后，点燃酒精，关闭门窗，任甲醛溶液煮沸挥发。酒精灯最好能在甲醛溶液蒸完后即自行熄灭。

甲醛溶液熏蒸对人的眼、鼻有强烈刺激，在一定时间内不能入室工作。为减弱甲

醛对人的刺激作用，甲醛熏蒸后 12 h，再量取与甲醛溶液等量的氨水，迅速放入室内，同时敞开门窗，以放出剩余有刺激性气体。

（2）氧化熏蒸。称取高锰酸钾（甲醛用量的一半）于一瓷碗或玻璃容器内，再量取定量的甲醛溶液。室内准备妥当后，把甲醛溶液倒在盛有高锰酸钾的器皿内，立即关门。几秒钟后，甲醛溶液即沸腾挥发。高锰酸钾是一种强氧化剂，当它与一部分甲醛溶液作用时，由氧化作用产生的热可使其余的甲醛溶液挥发为气体。甲醛溶液熏蒸后，关门密闭应保持 12 h 以上。

2. 培养液灭菌

培养液在制备过程中带有各种杂菌，分装后应及时灭菌。目前常用过滤除菌法除去培养物操作液和培养液中的细菌，或对培养液中耐热组分先进行高压蒸汽灭菌，然后在无菌室加入经过过滤除菌处理的不耐热组分，混匀后分装备用。

3. 玻璃器皿、塑料器皿和器械灭菌

玻璃器皿可进行干热灭菌或高压蒸汽灭菌，但在蒸汽灭菌后最好及时烘干。对不能进行高压蒸汽灭菌的塑料器皿可用 75% 酒精浸泡，使用前在无菌操作台面上晾干的同时，用紫外线灯重复杀菌。实验室还可以用环氧乙烷灭菌袋对塑料器皿进行消毒，消毒后的器皿要充分散气 2 ~ 4 h 后才可使用。无菌操作所用的各种器械，一般采用干热灭菌或高压蒸汽灭菌，或用 75% 酒精浸泡，然后在无菌操作台面上晾干的同时再用紫外线灯重复杀菌；在使用期间可多次对其进行酒精灯火焰灼烧灭菌。

4. 培养材料的消毒灭菌

采自动物机体的实验材料，携带着微生物及杂质，接种前必须进行表面消毒灭菌，对内部已受微生物侵染的材料应予以淘汰。从动物机体采集的某些组织块，必须用消毒剂进行浸泡处理，进行表面消毒。常用消毒剂有过氧化氢溶液（10% ~ 12%，浸泡 5 ~ 15 min）、过氧乙酸溶液（0.05%，浸泡 30 ~ 60 s）、酒精溶液（70% ~ 75%，浸泡 2 min），详见表 1–2–1。

表 1–2–1　常用的消毒试剂及适用范围

类别	试剂	常用浓度	适用范围
氧化剂	高锰酸钾	1 ~ 30 g/L	皮肤、蔬菜、水果、餐具等消毒
卤素及其化合物	漂白粉	10 ~ 50 g/L	饮用水、水果、蔬菜、环境卫生消毒
	碘酒	2% ~ 5%	一般皮肤消毒

续表

类别	试剂	常用浓度	适用范围
酚类	石炭酸	2% ~ 5%	吸管消毒，室内喷雾消毒，擦洗被污染的桌面、地面
	来苏水	3% ~ 5%	器械、地面消毒
醇类	酒精	70% ~ 75%	皮肤、器械表面消毒（对芽孢无效）
醛类	甲醛	370 ~ 400 g/L	空气熏蒸消毒（无菌室），2 ~ 6 mL/m³
表面活性剂	苯扎溴铵	0.05% ~ 1%	皮肤、器械消毒，浸泡用过的载玻片和盖玻片
染料	结晶紫	20 ~ 40 g/L	体表及伤口消毒
酸类	有机酸（如乳酸）	80%	空气熏蒸消毒，1 mL/m³
碱类	石灰水（氢氧化钙）	10 ~ 30 g/L	粪便、畜舍消毒
	烧碱（氢氧化钠）	40 g/L	病毒性传染病

1.2.5 影响消毒灭菌的因素

影响消毒灭菌的因素有很多，如灭菌处理剂的酸碱度和用量、微生物所依附的介质等都可能影响消毒灭菌的效果，而微生物的特性、微生物污染程度、温度、湿度的影响尤为明显。

1. 微生物的特性

不同微生物对热的抵抗力和对消毒剂的敏感性不同，细菌、酵母菌的营养体、霉菌的菌丝体对热较敏感，细菌芽孢、放线菌、酵母、霉菌孢子的抗热性强。

不同菌龄细胞的抗热力、抗毒力也不同。在同一温度下，对数生长期的菌体细胞抗热力、抗毒力较小，稳定期的老龄细胞抗性较大。

2. 微生物污染程度

待灭菌的物品中含菌数越多，灭菌越是困难，灭菌所需的时间和强度均应相应增加。这是因为微生物群集在一起，加强了机械保护作用，而且抗性强的个体增多，也增加了灭菌的难度。

3. 温度

温度越高，灭菌效果越好。菌液被冰冻时，灭菌效果显著降低。

4. 湿度

熏蒸、喷洒干粉、喷雾、辐照的灭菌效果都与空气的相对湿度有关。相对湿度合适时，灭菌效果好。此外，在干燥的环境中，微生物常被介质包被而受到保护，使电离辐射的作用受到限制，这时必须加强灭菌所需的电离辐射剂量。

任务实施

任务一　常用消毒灭菌方法识别

活动 1：对下列灭菌方式进行连线归类

火焰灼烧灭菌	干热灭菌法
高压蒸汽灭菌	
恒温干燥灭菌	湿热灭菌法
煮沸灭菌	
流通蒸汽灭菌	射线灭菌法
反渗透膜除菌	
微波灭菌	过滤除菌法
紫外线照射灭菌	

活动 2：给下列物品选择合适的消毒灭菌方法（答案不唯一，在你认为合适的方法列打“√”）

待灭菌物品	高压蒸汽	恒温干热	过滤	紫外线	化学气体	化学消毒剂
无菌室						
操作台						
玻璃制品						
金属机械						
塑料制品						
培养基						
染菌器材						

任务二 无菌室的日常消毒

操作准备

1. 检查电源及无菌室相关设施的完好性。
2. 准备合适的消毒剂。

操作步骤

操作流程	操作内容	操作说明
第一步 清扫、保洁	无菌室进行______，保持______。	无菌室应保持清洁整齐，室内仅存放必需的检验用具。
第二步 工作台面消毒	用____________________________________，擦拭工作台面（包括洁净台，生物安全柜等）。	1. 消毒液在有效期内。 2. 消毒应全面，不能残留死角。 3. 做好个人安全防护。
第三步 紫外线灯杀菌	开启空气过滤器，开启__________，至少照射__________。杀菌完毕，关闭________。	1. 紫外线灯照射时，人要离开。 2. 紫外线灯杀菌结束，_________后方可进入无菌室。
第四步 工作台面再消毒	检验结束后，再用_______________________________，擦拭工作台面（包括洁净台、生物安全柜等）。	收拾好工作台上的样品及器材后，再用消毒液擦拭工作台面。
第五步 紫外线灯再杀菌	每天实验结束后，开启_________杀菌，至少照射__________。杀菌完毕，关闭_________，关闭空气过滤器。	1. 紫外线灯照射时，人要离开。 2. 紫外线灯杀菌结束，_________后方可进入无菌室。 3. 按顺序关闭各类设备。

拓展内容

一、微生物

1. 微生物的定义

微生物是一切肉眼看不见或看不清楚的微小生物的总称。它个体微小，肉眼难以看到，需要借助光学显微镜或电子显微镜才能看清楚。这里指的“肉眼难以看到”是指看不到微生物的具体形态；日常生活中，我们看到的发霉食品，是微生物的群体。长了青霉的橘子如图 1–2–2 所示，电子显微镜下的青霉如图 1–2–3 所示。

图 1-2-2 长了青霉的橘子

图 1-2-3 电子显微镜下的青霉

2. 微生物的特征

（1）个体微小，分布广泛。微生物（见图 1-2-4）的个体一般都小于 0.1 mm，故用 μm、nm 来表示其大小。以大肠杆菌为例，1 500 个大肠杆菌首尾相连，约等于一粒芝麻的长度。

微生物小而轻，可借助空气、风、水等传播，可以用“无所不在、无孔不入、无远不达”来形容。

（2）繁殖快速，易于培养。大肠杆菌在适应的条件下，12.5 ~ 20 min 内繁殖 1 次。微生物对营养物质要求不高，以秸秆、麸皮、蔗渣等农业废弃物为原料，即可进行生长繁殖，如图 1-2-5 所示。

（3）种类繁多，代谢旺盛。目前，已发现的微生物种类多达 10 万种以上，这仅占微生物总数的 10%，而人类已开发利用的微生物仅占已发现种类的 1%。

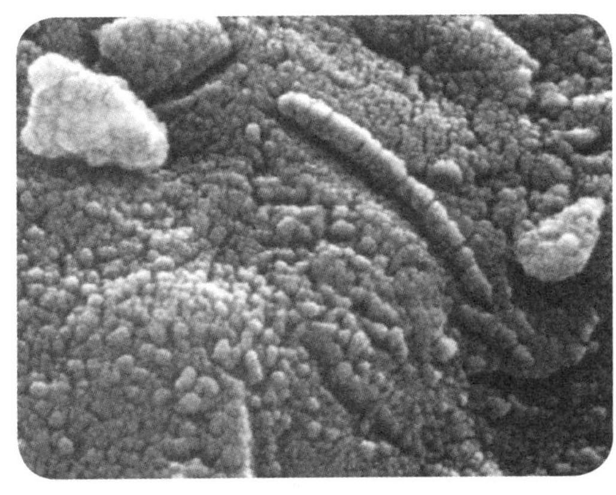
图 1-2-4 火星陨石中发现的细菌化石（直径约为 10 nm）

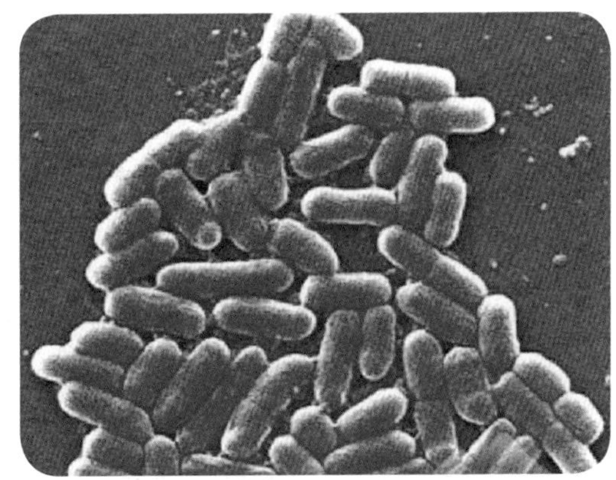
图 1-2-5 分裂繁殖中的细菌

微生物个体微小，单位体积的表面积相对很大，能迅速与周围环境进行物质交换，使其代谢速率达到最大。

（4）适应性强，容易变异。由于微生物比表面积大，与外界环境接触面大，因而对外界环境很敏感，适应性较强，容易发生变异。

3. 微生物的主要类型

微生物根据细胞结构的不同，主要分为原核细胞型微生物、真核细胞型微生物和非细胞型微生物，如图 1–2–6 所示。微生物的主要类群及其特征见表 1–2–2。

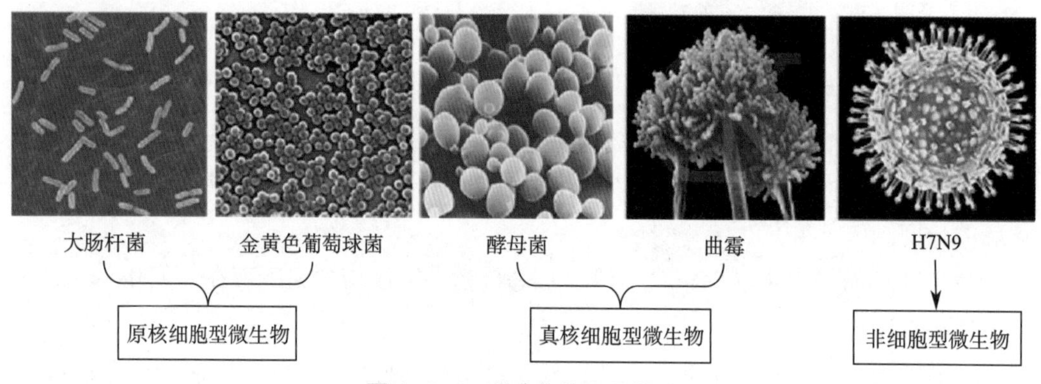

图 1–2–6　微生物的不同类型

表 1–2–2　微生物的主要类群及其特征

微生物类别	主要类群	细胞结构特征
原核细胞型微生物	细菌、放线菌、蓝细菌、衣原体、支原体、立克次体等	有细胞结构，细胞中无核膜和核仁，胞质内无完整的细胞器
真核细胞型微生物	真菌（酵母菌、霉菌及病原真菌）、原生生物等	有细胞结构，细胞中有核膜和核仁，胞质内有完整的细胞器
非细胞型微生物	病毒、拟病毒、类病毒、朊病毒等	无细胞结构，仅有蛋白质外壳和遗传物质

知识链接

生物的分类

生物的分类单位依次为界、门、纲、目、科、属、种。在两个主要的分类单位之间还可以有次要的分类单位，如亚门、亚目、亚科等。把相似的或相关的种归为一个属，又把相似的属归为一个科，从而构成一个完整的分类系统。

二、无菌室洁净度测定

无菌室在消毒处理后、无菌试验前及操作过程中均需检查空气中菌落数，以此来判断无菌室是否达到规定的洁净程度，常用的有沉降菌测定和浮游菌测定两种方法，其中沉降菌测定方法更为常用。沉降菌测定方法如下。

1. 测定频率：每月一次。

2. 测定方法：将制备完毕的 3 ~ 5 个琼脂平皿均匀放置于无菌室，开盖暴露 15 min 后，置于 36 ℃培养箱中培养，48 h 后取出观察。

3. 结果判定：10 000 级洁净区的平均杂菌数≤3 个菌落，为符合；否则为不符合。

4. 结果处理：如不符合无菌室洁净度要求，应分析原因，并采取相应措施，如延长紫外线灯的工作时间或对无菌室进行熏蒸灭菌等。

理论知识复习

一、判断题

1. 微生物检验室布局应符合单方向工作流程，避免引起交叉污染。 （ ）

2. 无菌室工作间的内门与缓冲间的门力求迂回，避免直接相通，减少无菌室内的空气对流，以保证工作间的无菌条件。 （ ）

3. 无菌室每次使用前后应使用紫外线灯消毒，照射时间不得少于 60 min。（ ）

4. 消毒是用物理、化学或生物学的方法杀死微生物的过程。 （ ）

5. 常用的湿热灭菌法有巴氏消毒法、煮沸消毒法、流通蒸汽消毒法和高压蒸汽灭菌法。 （ ）

二、单项选择题

1. 无菌室（包括缓冲间、传递窗）每 3 m^2 要配备一盏功率为（ ）W 的紫外线灯。

A. 25　　B. 30　　C. 40　　D. 60

2. 无菌室无菌程度超过限度，不可采用的措施是（ ）。

A. 石灰水揩擦　　B. 加强通风

C. 甲醛溶液和乳酸溶液交替熏蒸　　D. 延长紫外线灯的工作时间

3. 10 000 级洁净区平均杂菌数不得超过（ ）个菌落。

A. 5　　B. 4　　C. 3　　D. 2

4. 灭菌是杀灭物体中或物体上所有微生物的繁殖体和（　　）的过程。

A. 荚膜　　B. 芽孢

C. 鞭毛　　D. 菌毛

5. 微生物检验操作中最常用的灭菌方法是（　　）。

A. 巴氏消毒法　　B. 煮沸消毒法

C. 紫外线消毒法　　D. 高压蒸汽灭菌法

6. 有关湿热灭菌法的描述，错误的是（　　）。

A. 同一温度下，其效果比干热灭菌法好

B. 针对不同物品有不同的灭菌温度和灭菌时间

C. 湿热条件下，蛋白质受蒸汽保护，不易变性

D. 高压蒸汽灭菌法是利用水的沸点随着蒸汽压力的升高而升高的原理提高灭菌温度，从而提高灭菌效果的方法

三、简答题

1. 简述甲醛溶液加热熏蒸消毒法。

2. 简述无菌室洁净度的测定方法。

第二章 检验前期准备

在食品检验分析过程中，选择合适的器皿、仪器设备、试剂等是一项技术性的检验前期准备工作。不同的检验项目，对器皿和仪器设备有着不同的要求，器皿和仪器是否符合要求、试剂配制是否准确，均对检验结果的准确度和精密度有影响。同时，在食品检验分析中，需要使用各类仪器设备进行样品的称量，样液的浓缩、烘干。只有熟练掌握检验前期准备工作，才能得到准确的检验结果。

项目一　实验室器材的识别与使用

场景介绍

张三到实验室的第一项任务是：为即将进行的检验项目做准备工作，包括将烧杯、量筒、漏斗、试剂瓶、锥形瓶、称量瓶等器皿洗涤干净备用，取用检验用化学试剂。

技能列表

序号	技能点	重要性
1	正确洗涤常用玻璃器皿	★★★★
2	合理选用实验室化学试剂	★★★
3	正确使用电子天平	★★★★
4	用直接法、减量法、固定质量法进行称量	★★★★

知识列表

序号	知识点	重要性
1	实验室常用器皿的种类、规格及用途	★★★★
2	实验室常用玻璃器皿的使用方法	★★★★
3	实验室常用玻璃器皿的洗涤、干燥和保管方法	★★★
4	实验室化学试剂的分类、取用及贮存方法	★★★
5	实验室用水的级别、贮存及质量检测方法	★★★
6	电子天平的原理及使用方法	★★★★

知识准备

2.1.1 实验室常用玻璃器皿

玻璃器皿是食品检验工作中最常用、最基本的器皿，玻璃器皿具有较高的化学稳定性和热稳定性、较好的透明度、一定的机械强度和良好的绝缘性能。玻璃的化学成分主要是 SiO_2、CaO、Na_2O 和 K_2O。玻璃器皿的化学稳定性好，但并不是绝对不受侵蚀。强碱性溶液或加热后的碱性溶液对玻璃有明显的腐蚀，如果用磨口玻璃器皿贮存强碱性溶液还会使磨口和瓶塞粘在一起无法打开。因此，玻璃器皿不能长时间存放碱性溶液。

1. 玻璃器皿的类别

按照玻璃器皿的用途不同，可将玻璃器皿分成容器类、量器类和其他特定用途类，其名称及图示、规格及种类、用途、注意事项见表 2–1–1 至表 2–1–3。

表 2–1–1　容器类玻璃器皿

名称及图示	规格及种类	用途	注意事项
烧瓶	规格：以容量表示，有 250 mL、500 mL、1 000 mL 等 种类：平底、圆底两种	用于加热及蒸馏液体，平底烧瓶不耐压，圆底烧瓶耐压	1. 加热时需垫石棉网，外壁要擦干 2. 所盛溶液不超过烧瓶容积的 2/3
试剂瓶	规格：以容量表示，有 30 mL、60 mL、125 mL、250 mL、500 mL、1 000 mL、2 000 mL、10 000 mL、20 000 mL 等 种类：广口、细口，磨口、非磨口，无色、棕色，等等	用于放置试剂：广口瓶盛放固体试剂，细口瓶盛放液体试剂，棕色瓶盛放见光易分解或不太稳定的试剂，磨口瓶盛放易吸潮和浓度变化的试剂	1. 不能加热 2. 盛放强碱性固体和溶液时，不能用玻璃塞，需用橡胶塞或软木塞 3. 要保持试剂瓶标签的完好，倾倒液体试剂时，标签要对着手心

续表

名称及图示	规格及种类	用途	注意事项
称量瓶	规格：以外径和瓶高表示 种类：扁形、高形，扁形有 25 mm×25 mm 和 50 mm×30 mm，高形有 25 mm×40 mm 和 30 mm×50 mm	扁形称量瓶用于测定水分或在烘箱中烘干基准物，高形称量瓶用于称量基准物和易吸湿的样品	1. 不能直接在电炉上加热 2. 盖子是配套的磨口塞，不能互换
烧杯	规格：以容量表示，有 5 mL、10 mL、25 mL、50 mL、100 mL、250 mL、500 mL、1 000 mL、2 000 mL 等	配制、浓缩、稀释、盛装、加热溶液，也多作为反应容器、水浴加热器	1. 加热时需垫石棉网，外壁要擦干 2. 加热液体时，液体量不超过烧杯容积的 1/3 3. 溶解时，要用玻璃棒轻轻搅拌
锥形瓶	规格：以容量表示，有 50 mL、100 mL、250 mL、500 mL、1 000 mL 等 种类：具塞、不具塞	滴定操作中的反应器，也可收集液体	1. 加热时需垫石棉网，外壁要擦干 2. 所盛溶液不超过锥形瓶容积的 1/3

表 2-1-2　　量器类玻璃器皿

名称及图示	规格及种类	用途	注意事项
滴定管	规格：以容量表示，有 5 mL、10 mL、25 mL、50 mL、100 mL 等 种类：酸式（用玻璃活塞控制液体的流速）、碱式（用一段橡胶管里的玻璃珠控制液体的流速）	用于容量分析操作	1. 使用前要洗净，并检查是否漏液 2. 使用后应立即洗净，不能放在烘箱中烘干

续表

名称及图示	规格及种类	用途	注意事项
吸量管	规格：以容量表示，有1 mL、2 mL、5 mL、10 mL、15 mL、20 mL、25 mL、50 mL、100 mL等 种类：单刻度线大肚型、分刻度线直管型	用于准确量取一定体积的液体	1. 使用前应洗净，所有液体只可从尖嘴处放出 2. 不可加热，具有准确刻度线的吸量管不能放在烘箱中烘干 3. 使用吸量管应在最高刻度线处调整零点
量筒	规格：以容量表示，有5 mL、10 mL、25 mL、50 mL、100 mL、250 mL、500 mL、1 000 mL、2 000 mL等	用于量取一定体积的液体	1. 不能加热 2. 读数时，视线与液面水平，读取与弯月面最低点相切的刻度
容量瓶	规格：以容量表示，有5 mL、10 mL、25 mL、50 mL、100 mL、200 mL、250 mL、500 mL、1 000 mL等 种类：无色、棕色	配制准确浓度的溶液或定量稀释溶液	1. 不能用火直接加热，但可水浴加热 2. 塞子配套，不能互换 3. 有腐蚀性的溶液（如强碱性溶液）不能在容量瓶中长期贮存

表 2-1-3　　其他特定用途类玻璃器皿

名称及图示	规格及种类	用途	注意事项
冷凝管	规格：以外套管长度表示，有300 mm、400 mm、500 mm等 种类：直形、球形、蛇形、标准磨口等	1. 在蒸馏和索氏提取中作为冷凝装置 2. 球形冷凝管的冷却面积大，适用于加热回流	1. 装配仪器时，先装冷却水胶管，再装仪器 2. 从下口进水，从上口出水 3. 开始进水需缓慢，水流不能太大

续表

名称及图示	规格及种类	用途	注意事项
表面皿	规格：以直径表示，有 45 mm、50 mm、60 mm、77 mm、90 mm、100 mm、120 mm、150 mm、200 mm 等	1. 盖在烧杯或蒸发皿上，以免液体溅出或灰尘落入 2. 垫托称量瓶，以免称量瓶粘尘	不能直接加热
漏斗	规格：以口径表示，有 50 mm、60 mm、70 mm 等 种类：短颈、长颈	1. 用于过滤或向小口径容器注入液体 2. 用于易溶性气体吸收（防倒吸）	不能用火加热，过滤时应“一贴二低三靠”

2. 玻璃器皿的使用方法

常见玻璃器皿的使用方法见表 2–1–4。

表 2–1–4　　常用玻璃器皿的使用方法

仪器	使用方法
量筒和量杯	1. 倒入液体至洁净的量筒（杯），多余的液体用洁净的吸管吸出 2. 读数时视线应与液面齐平，读取与液面最低点相切的刻度。量取不透明或深色液体时，可读两侧最高点的刻度 3. 倒出液体时，将量筒（杯）口贴紧接收器内壁倒出，等待 30 s 即可 4. 用毕，洗净量筒（杯），并放回原处
试剂瓶	1. 洗净试剂瓶备用，用来盛放已知浓度的标准溶液前，应烘干或用所盛溶液洗涤试剂瓶内壁 3 次以上 2. 将配制好的溶液沿玻璃棒加入干净的试剂瓶中，贴上标签，放置备用 3. 倒出溶液时，打开瓶塞，将瓶塞倒置于洁净的台面上。将试剂瓶贴有标签的一面正对手心。慢慢倒出所需的量，将瓶口剩余的溶液靠入接收器中，慢慢竖直试剂瓶。溶液倒出后，不能再倒回试剂瓶 4. 用毕，盖上瓶塞放回原处

续表

仪器	使用方法
烧杯	1. 加入液体时，应沿烧杯内壁或用玻璃棒加入 2. 若要进行搅拌，应该手持玻璃棒并转动手腕，使玻璃棒在液体中均匀转圈。玻璃棒不要触碰烧杯内壁，以免打碎烧杯。停止搅拌时，玻璃棒应放在烧杯内 3. 在烧杯内进行滴定操作时，用玻璃棒进行搅拌 4. 用毕，洗净放回原处
锥形瓶	1. 加入试液，并将瓶壁上的试液用少量的相应溶剂冲洗下去 2. 为防止挥发，可在瓶口盖一表面皿 3. 摇动混匀时用一手的拇指、食指和中指拿住锥形瓶的瓶颈，沿同一方向按圆周摇动锥形瓶，不要前后振动 4. 用毕，洗净放回原处
滴瓶	1. 将配制好的溶液加入洁净的滴瓶内，贴上标签 2. 使用时，提起滴管，使下管口离开液面，用手指挤捏滴管上部的胶帽，然后再将滴管伸入滴瓶中的溶液液面之下，放松手指，吸入溶液，再提起滴管，垂直放在接收器口上方，轻轻挤捏胶帽，逐滴放出溶液

3. 玻璃器皿的洗涤

玻璃器皿洗涤是否符合要求，对检测结果的准确度和精密度都有影响。在洗涤时，应根据检测要求、玻璃器皿上污物的性质、沾污的程度选择适当的洗涤剂和洗涤方法。

（1）常用的洗涤剂。水是最普通、最廉价、最方便的洗涤剂，可用来洗涤水溶性污物。用洗衣粉或合成洗涤剂配制的一定浓度的溶液是实验室常用的洗涤剂，洗涤油脂类污垢效果较好。实验室常用洗涤剂的配制、用途和使用方法见表 2–1–5。

表 2–1–5　　常用洗涤剂的配制、用途和使用方法

洗涤剂名称	配制方法	用途和使用方法
铬酸洗液	将研细的重铬酸钾 20 g，溶于 40 mL 水中，再慢慢加入 360 mL 98% 浓硫酸	用于去除器皿壁残留的油污，用少量洗液刷洗或将器皿放在洗液中浸泡过夜，洗液可重复使用
碱性洗液	10% 氢氧化钠水溶液或 95% 乙醇溶液	碱性洗液加热（可煮沸）使用，去污效果更佳，但要注意加热时间不宜过长，否则会腐蚀玻璃器皿

续表

洗涤剂名称	配制方法	用途和使用方法
碱性高锰酸钾洗液	将 4 g 高锰酸钾溶于水中，然后加入 4 g 氢氧化钠，加水稀释至 100 mL	用于洗涤油污或其他有机物，洗后容器沾污处有褐色二氧化锰析出，可用浓盐酸、草酸、硫酸亚铁、亚硫酸钠等还原剂去除

（2）洗涤方法。玻璃器皿洗净的标准是器皿内壁被水均匀润湿，而无任何条纹和水珠存在。玻璃器皿的洗涤方法见表 2–1–6。

表 2–1–6　　玻璃器皿的洗涤方法

方法	说明
冲洗法	冲洗法又称振荡洗涤法，利用水把可溶性污物溶解后去除。往玻璃器皿中注入少量水，用力振荡后倒掉，依此连洗数次
刷洗法	玻璃器皿内壁有不易冲洗掉的污物，可用毛刷刷洗。先用水湿润玻璃器皿内壁，再用毛刷蘸取少量肥皂液等洗涤剂进行刷洗。刷洗时要选用大小合适的毛刷，不能用力过猛，以免损坏玻璃器皿
浸泡法	对不溶于水、刷洗也不能除掉的污物，可利用洗涤剂与污物反应，转化成可溶性物质后去除。先把玻璃器皿中的水倒尽，再倒入少量洗液，转几圈使玻璃器皿内壁全部润湿，再将洗液倒入洗液回收瓶中。用洗液浸泡一段时间，去污效果更好

（3）洗涤的一般程序。洗涤玻璃器皿时，通常先用自来水洗涤，无法洗净时再用肥皂液、合成洗涤剂等刷洗，仍不能除去的污物，应采用其他洗涤剂洗涤。洗涤完毕后，都要用自来水冲洗干净，此时玻璃器皿内壁应不挂水珠。必要时再用少量蒸馏水淋洗 2 ~ 3 次。

小贴士

新购置的玻璃器皿有游离碱存在，需在 1% ~ 2% 的稀盐酸中浸泡 2 ~ 6 h，除去游离碱，再用自来水冲洗干净。

4. 玻璃器皿的干燥和保管

（1）玻璃器皿的干燥。一般定量分析中所使用的烧杯、锥形瓶等玻璃器皿均需洗净、干燥后方可使用，常用的干燥方法有晾干、烘干、吹干等，见表 2–1–7。

表 2–1–7　　常用的干燥方法

名称	方法
晾干	可将玻璃器皿放在无尘处倒置，自然干燥；也可将其放置在安有斜木钉的架子上或带有透气孔的玻璃柜内
烘干	将洗净的玻璃器皿除去水分，放在电烘箱（温度为 105 ~ 120 ℃）中烘 1 h 左右；也可将其放在红外灯干燥箱中烘干。带实心玻璃塞的器皿及厚壁器皿烘干时要慢慢升温并且温度不可过高，以免烘裂，量器不可放于烘箱中烘干
热（冷）风吹干	用少量乙醇、丙酮（或最后再用乙醚）倒入已除去水分的玻璃器皿中，摇洗后除去溶剂（溶剂要回收），用电吹风吹（开始用冷风吹 1 ~ 2 min，当大部分溶剂挥发后吹热风至完全干燥，再用冷风吹残余的蒸汽）。此法要求通风好，不可接触明火，以防有机溶剂爆炸。主要用于急于干燥的玻璃器皿或不适合放入烘箱的较大玻璃器皿

（2）玻璃器皿的保管。玻璃器皿要分门别类存放在实验柜内，便于取用，其保管方法见表 2–1–8。

表 2–1–8　　玻璃器皿的保管方法

名称	方法
称量瓶	烘干后放在干燥器中冷却、保存
吸管	洗净后放于防尘的盒中保存
滴定管	洗净后装满纯水，上盖玻璃短试管或塑料套管，也可倒置于滴定管架上
带磨口塞的玻璃器皿	容量瓶在洗净前用橡皮筋或小线绳把塞和管口拴好，以免打破塞子或弄混。需长期保存的磨口器皿应在塞与磨口之间垫一张纸片，以免日久粘住。长期不用的酸式滴定管要除掉凡士林后垫纸，用橡皮筋固定住活塞保存

2.1.2　实验室常用其他器皿

食品检验实验室常用其他特定用途的非玻璃器皿的名称及图示，规格、种类及材质，用途，注意事项见表 2–1–9。

表 2-1-9　　常用其他器皿

名称及图示	规格、种类及材质	用途	注意事项
蒸发皿	规格：以直径 × 皿高表示，有 60 mm × 30 mm、90 mm × 40 mm、120 mm × 45 mm 等 种类：瓷、石英、铂等材质制品	用于蒸发溶剂、浓缩溶液	1. 耐高温，但不宜骤冷 2. 蒸发皿可放在三脚架上直接加热，但需预热 3. 蒸发溶液时，液体量不能超过蒸发皿容积的 2/3
坩埚	规格：以容量表示，有 10 mL、15 mL、20 mL、25 mL、30 mL、40 mL 等 种类：瓷、石墨、铁、镍、铂等材质制品	用于熔融或灼烧固体	1. 根据熔融或灼烧物质的性质选用不同材质的坩埚 2. 耐高温，可直接用火加热，但不宜骤冷
研钵	规格：以直径表示，有 70 mm、90 mm、105 mm 等 种类：玻璃、瓷、玛瑙等材质制品	用于混合、研磨固体物质	1. 放入物质的量不超过研钵容积的 1/3 2. 所研磨物质的硬度应小于研钵材质的硬度，且对研钵无腐蚀 3. 不能烘烤
坩埚钳	材质：由铁或铜制成，表面镀铬	用于夹取坩埚	先预热再夹取
石棉网	材质：由铁丝编成，涂有石棉层	承放受热容器，使加热均匀	不能浸水或扭拉，以免损坏石棉

续表

名称及图示	规格、种类及材质	用途	注意事项
洗耳球 	规格：以容易表示，30 mL、60 mL、90 mL、120 mL等 材质：橡胶制品	一般与吸量管配套使用，用于移液	不能吸入溶液
药匙 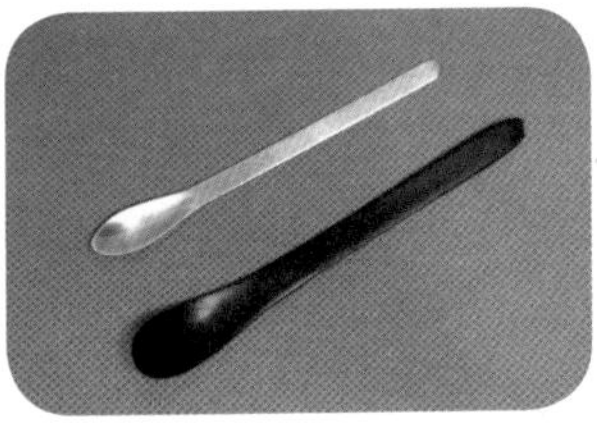	材质：有牛角、瓷质、塑料质、不锈钢等	用于取固体试剂或样品	药匙用毕需洗净，用滤纸吸干后备用
洗瓶 	规格：以容量表示，一般为250 mL	常用于仪器的洗涤和定容	一般只装蒸馏水
铁架台 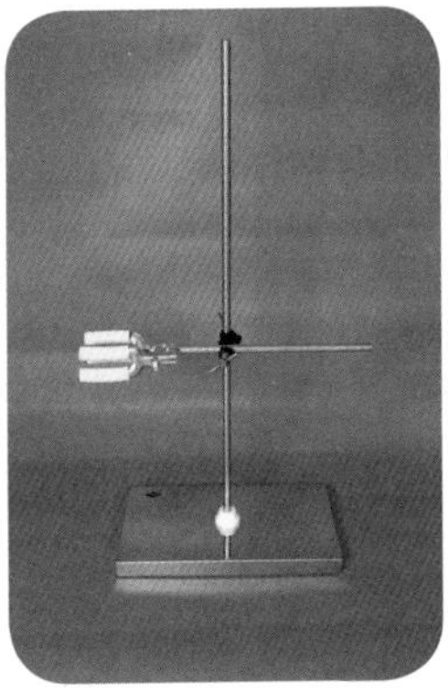	规格：以铁圈的直径表示，有50 mm、70 mm、100 mm等 种类：根据铁夹的结构，有十字夹、双钳、三钳等	固定或放置器皿	1. 固定器皿时，应使装置的重心落在铁架台底座中部，以保证稳定 2. 夹持器皿时，以不转动为宜

续表

名称及图示	规格、种类及材质	用途	注意事项
玻璃棒	规格：以玻璃棒直径 × 长度表示，有 5 mm × 20 mm、5 mm × 30 mm 等	常用于搅拌、引流，在过滤、蒸发、配制溶液等操作及实验中应用广泛	搅拌时，避免与器壁接触

2.1.3 实验室常用称量设备

1. 称量设备的类别

食品检验分析过程中，准确称量样品、试剂是保证检验结果准确的重要前提，检验人员必须熟练掌握常用的称量设备。常用的称量设备见表 2–1–10。

表 2–1–10 常用的称量设备

项目	托盘天平	电子天平
图示		
用途	托盘天平又称台式天平、台秤，用于粗略称量，精度为 0.1 g	用于精确称量，有超微量（精度为 0.1 μg 以下）、微量（精度为 0.1 ~ 1 μg）、半微量（精度为 1 ~ 10 μg）、常量（精度为 0.01 ~ 0.1 mg）四种规格
原理	杠杆平衡原理	电磁力平衡原理
使用方法	1. 称量前进行零点调整 2. 称量时左物右码 3. 称量完毕，应把砝码放回盒内，把游码标尺的游码移到零刻度处，将托盘天平清理干净	1. 水平调节 2. 预热 3. 开启显示器 4. 校准。电子天平安装后，第一次使用前，应对电子天平进行校准。当天平存放时间较长、位置移动、环境变化或未获得精确测量时，都应进行校准操作 5. 称量 6. 称量完毕必须关闭电子天平

续表

项目	托盘天平	电子天平
注意事项	1. 托盘天平使用中，被测物的质量不能超过天平的测量范围 2. 不能称量热的物质 3. 取砝码要用镊子，不能直接用手，避免污染砝码 4. 潮湿样品和化学试剂不可直接放入托盘中，可以用称量纸或表面皿、称量瓶、坩埚等盛放后进行称量	1. 将电子天平置于稳定的工作台上，避免振动、气流及阳光直射 2. 使用前调整水平仪气泡至中间位置，并按要求进行预热 3. 被称量的物体只能由侧门取放，称量时要关好天平侧门 4. 电子天平载物不得超过最大负荷 5. 称量完毕后切断电源，清理干净，保证天平内外清洁，关好天平的门，最后罩上布罩。为了防潮，在电子天平箱里应放入干燥剂（一般用变色硅胶） 6. 发现电子天平损坏或工作不正常，应立即停止使用，并送相关部门检修 7. 电子天平应定期检定，最长检定周期不超过 1 年

2. 物质的称量方法

常用的称量方法有直接称量法、固定质量称量法和递减称量法。

（1）直接称量法。此法是将称量物直接放在天平盘上称量物体的质量。例如，称量小烧杯的质量，容量器皿校正中称量某容量瓶的质量，重量分析实验中称量某坩埚的质量等，都使用该称量法。

（2）固定质量称量法。此法又称增量法，用于称量某一固定质量的试剂（如基准物质）或试样。这种称量操作的速度很慢，适于称量不易吸潮、在空气中能稳定存在的粉末状或小颗粒样品。不慎加入试剂超过指定质量，用牛角匙取出多余试剂，直至试剂质量符合指定要求为止。取出的多余试剂应丢弃，不要放回原试剂瓶中。操作时不能将试剂散落于天平盘容器以外的地方，称好的试剂必须定量地由表面皿等容器直接转入接收容器，即“定量转移”。

（3）递减称量法。此法又称减量法或递减法，用于称量一定质量范围的样品或试剂。先将样品放于称量瓶中，置于天平上，称取样品和称量瓶的质量，然后取出所需的试样量，再称取剩余样品和称量瓶的质量，两次称量之差，即为所需试样的质量。此法可用于称取易吸水、易氧化或易与二氧化碳反应的试样。

2.1.4 实验室常用化学试剂

实验室选用试剂的纯度对食品检验十分重要，直接影响检验结果的准确性。正确选用、使用实验室的化学试剂，关系到检验结果的准确度和检验成本。在检验过程中应做到合理使用试剂，不盲目追求高纯度而造成浪费，也不随意降低规格而影响检验分析结果的准确度。

1. 化学试剂的分类

化学试剂的品种繁多，世界各国对化学试剂的分类和分级标准各不相同。我国化学试剂有国家标准（GB）、化工部标准（HG）及行业标准（QB）三级。将化学试剂进行科学分类，以适应化学试剂的生产、科研、进出口等需要，是化学试剂标准化研究内容之一。化学试剂按杂质的多少分为不同的级别，为了在同种试剂的多种不同级别中迅速选用所需试剂，还规定不同级别的试剂用不同颜色印制的标签。我国目前试剂的规格一般分为 5 个级别，其等级、适用范围、符号及标签颜色见表 2-1-11。

表 2-1-11　化学试剂的等级、适用范围、符号及标签颜色

等级	适用范围	符号	标签颜色
标准试剂（基准试剂）	用于衡量其他物质化学量的标准物质，主体成分含量高，且准确可靠	PT	浅绿色
优级纯试剂	精密科学研究和测定工作分析	GR	绿色
分析纯试剂	一般分析实验及科学研究用分析试剂	AR	红色
化学纯试剂	分析要求较低，如学校实验	CP	蓝色
专用试剂	具有特殊用途的试剂	SP：光谱纯试剂 GC：色谱纯试剂 BR：生物试剂	无统一规定

根据检验方法的规定及实际情况，正确合理地选择使用试剂，不要盲目地追求高纯度。例如，配制铬酸洗液，只需工业用的重铬酸钾和工业用硫酸，若用 AR 级则造成浪费；滴定分析常用的标准溶液，用 AR 级试剂配制，用 PT 试剂标定。

2. 试剂的取用

取用试剂时，应先确认试剂的名称和规格，以免用错试剂。试剂瓶盖倒置放在干净的地方，以免盖上时带入脏物，取试剂后应及时盖上瓶盖，然后将试剂瓶放回原处，注意瓶签朝外。取用试剂时要适量，注意节约，过量的试剂不能放回原试剂瓶内，有回收价值的应放入回收瓶中。

（1）固体试剂的取用。取用块状固体试剂一般选用镊子，取用小颗粒状或粉末状固体试剂一般使用牛角药匙、不锈钢药匙或塑料药匙，药匙的两端为大小两个匙，取大量固体时用大匙，取少量固体时用小匙。使用的药匙必须干净，专匙专用，药匙用后应立即洗净。固体试剂的取用见表 2-1-12。

表 2-1-12　　固体试剂的取用

图示	操作内容	说明
	块状固体试剂（石灰石和金属锌）的取用 用镊子夹取块状的试剂石灰石，放在试管口（试管先横持），缓慢直立起试管，让块状固体试剂缓缓滑落到试管底部	1. 块状固体试剂通常保存在广口瓶里 2. 用过的镊子要立刻洗净擦干，以备下次使用 3. 试管先横持，以免固体试剂打破容器
	粉末状或小颗粒状试剂的取用 用药匙取适量粉末试剂，小心地送至试管底部，然后使试管直立	为避免试剂沾在管口和管壁上，可用小纸条折叠成的纸槽，将试剂小心地送至试管底部
	定量固体试剂的取用 用托盘天平（或电子天平）称取所需质量的试剂于玻璃容器中	1. 取一定质量的固体试剂时，可把固体试剂放在称量纸或表面皿上，再用天平称量 2. 有腐蚀性的试剂不能直接放在称量纸上称量，而应放在玻璃器皿内进行称量
注意：要求准确称取一定量的固体时，可在感量为 0.1 mg 的电子天平上用固定质量称量法或减量法称量		

（2）液体试剂的取用。从试剂瓶中取用液体试剂时，先将瓶塞取下，倒置在桌面上，握住试剂瓶（标签朝向手心处，以免倾注液体时弄脏标签）。液体试剂的取用见表 2-1-13。

表 2-1-13　　液体试剂的取用

取用方法	操作内容	操作说明
	倾倒法 打开试剂瓶，一手拿试管，使试管略倾斜，另一手拿试剂瓶，瓶口紧挨着试管口，让液体缓慢流入试管	倾倒完毕后，立即盖好试剂瓶瓶盖
	滴管滴加 用一手中指和无名指夹住胶头滴管的玻璃部分以保持稳定，用拇指和食指挤压胶头以控制试剂的吸入或滴加量，将玻璃尖嘴伸入试剂瓶液面以下，吸取适量试剂，然后悬空于接收瓶上方 0.5 cm 处，滴入即可	1. 胶头滴管不能倒置，也不能平放于桌面上 2. 滴瓶的滴管只能专用，用后随即放回原滴瓶；一般的胶头滴管用完之后，立即用水洗净
	量筒量取 一手拿量筒，使量筒略倾斜，另一手拿试剂瓶，瓶口紧挨着量筒口，使液体缓缓流入，待注入的量比所需量稍少时，把量筒放平，改用胶头滴管滴加至所需要的量	观察刻度时，视线应与量筒内液体弯月面的最低处保持水平
	吸量管移取 将吸量管润洗后，一手拿洗耳球，另一手捏吸量管，准确移取所需要的量	溶液的量要求较高精度时，选择吸量管。吸量管需要用待吸溶液润洗
注意：实验中，可用计算滴数的办法估计取用液体的量，一般滴管 20 滴相当于 1 mL		

3. 化学试剂的贮存

试剂的贮存十分重要，在贮存过程中要防止被水分、灰尘和其他物质沾污。同时，应依据试剂的性质不同而采用不同的贮存方法。

（1）易见光分解的试剂，如过氧化氢、硝酸银、高锰酸钾、草酸等，应贮存于棕色试剂瓶中，置于暗处保存。

（2）容易侵蚀玻璃的试剂，如氢氟酸、氢氧化钠、氢氧化钾等应存放在塑料瓶内。

（3）吸水性强的试剂，如无水碳酸钠、氢氧化钠等试剂，瓶口应注意密封。

（4）容易相互作用的试剂，如挥发性的酸与氨、氧化剂与还原剂，应分开存放。

（5）易燃与易爆的试剂应分开存放于阴凉通风、无阳光直射的地方。

（6）剧毒试剂，如氰化钾、三氧化二砷、氯化汞等，应贮存于保险箱中，“双人双锁”保管，取用时严格做好记录，避免发生意外事故。

2.1.5 实验室用水

水是最常用的溶剂，在未特殊注明的情况下，无论配制试剂用水，还是分析检验操作过程中加入的水，均为纯度能满足分析要求的蒸馏水或去离子水。

1. 实验室用水的级别

GB/T 6682《分析实验室用水规格和试验方法》将实验室用水分为一级水、二级水和三级水，其规格和主要指标见表 2–1–14。

表 2–1–14　　实验室用水规格和主要指标

项目	一级水	二级水	三级水
pH 值范围（25 ℃）	—	—	5 ~ 7.5
电导率（25 ℃）（mS/m）	≤0.01	≤0.10	≤0.50
可氧化物质含量（以 O 计）（mg/L）	—	≤0.08	≤0.4
吸光度（254 nm，1 cm 光程）	≤0.001	≤0.01	—
蒸发残渣含量（105 ℃ ±2 ℃）（mg/L）	—	≤1	≤2
可溶性硅含量（以 SiO_2 计）（mg/L）	≤0.01	≤0.02	—

2. 实验室用水的制备方法、贮存条件及适用范围

经过纯化制得的各种级别的实验室用水，纯度越高，贮存的条件越严格。在实际的分析工作中应根据不同分析方法的要求合理选用实验室用水的级别，各级别实验室用水的制备方法、贮存条件及适用范围见表 2–1–15。

表 2-1-15　实验室用水的制备方法、贮存条件及适用范围

级别	制备方法	贮存条件	适用范围
一级水	二级水经过石英设备蒸馏或离子交换混合床处理后，用 0.2 nm 微孔滤膜过滤来制取	密闭的专用聚乙烯（或专用玻璃）容器中	有严格要求的分析实验，包括对颗粒有要求的实验，如高效液相色谱用水
二级水	多次蒸馏或离子交换制得	密闭的专用聚乙烯容器中	用于无机痕量分析等实验，如原子吸收光谱分析用水
三级水	蒸馏或离子交换制得	密闭的专用玻璃容器中	用于一般的化学分析实验

3. 实验室用水的质量检测

为保证实验室用水的质量能符合分析工作的要求，必须对其主要指标（pH 值、电导率、蒸发残渣）进行质量检验。

（1）pH 值。实验室用水的酸度应呈中性或弱酸性，pH 值为 5 ~ 7.5（25 ℃）。可用精密 pH 试纸、酸度计测定。

（2）电导率。实验室用水的电导率（25 ℃）≤0.50 mS/m，可用电导率仪测定。

（3）蒸发残渣的检测方法

1）水样预浓集。量取 1 000 mL 二级水（三级水取 500 mL）。将水样分几次加入旋转蒸发器的蒸馏瓶中，水浴减压蒸发（避免蒸干）。待水样蒸发至约 50 mL 时，停止加热。

2）测定。将上述预浓集的水样，转移至一个已于 105 ℃ ± 2 ℃的电热烘箱中干燥至恒重的玻璃蒸发皿中。并用 5 ~ 10 mL 水样分 2 ~ 3 次冲洗蒸馏瓶，将洗液与预浓集水样合并，于水浴上蒸干，并在 105 ℃ ± 2 ℃的电热烘箱中干燥至恒重。残渣质量不得小于 1 mg。

3）计算。蒸发残渣的质量百分数 ω，按以下公式计算：

$$\omega=\frac{m_2-m_1}{m}\times 100\%=\frac{m_2-m_1}{\rho V}\times 100\%$$

式中　ω——水样中蒸发残渣的质量百分数；

m_1——蒸发皿质量，g；

m_2——蒸发皿和残渣的质量，g；

ρ——水样的密度，g/mL；

V——水样体积，mL。

任务实施

任务一　常用玻璃器皿的识别与洗涤

活动 1：在图片下方准确填写玻璃器皿的名称

活动 2：烧杯的洗涤

操作步骤	操作内容	操作说明
第一步 用自来水刷洗	用毛刷刷洗烧杯，用自来水冲去可溶性物质及表面黏附的灰尘。	—
第二步 用合成洗涤剂刷洗	倒入少量合成洗涤剂，用毛刷刷洗内、外壁。	清水无法洗净烧杯时，可用合成洗涤剂等刷洗。
第三步 用洗液洗涤	1. 将烧杯内的废液倒净。 2. 加入少量铬酸洗液于烧杯内，并慢慢倾斜转动烧杯，使其内壁全部被铬酸洗液湿润。 3. 将烧杯转动数圈后，将洗液倒出。	1. 对于用合成洗涤剂等仍不能除去的污物，可用其他洗液洗涤。 2. 铬酸洗液可重复使用，使用后可将其收集于一固定瓶中，以便重复使用，失效时的颜色为绿色。

续表

操作步骤	操作内容	操作说明
第四步 用自来水冲洗	洗涤完毕后，用自来水冲洗烧杯内壁上残留的洗液数次。	烧杯内、外壁应不挂水珠。
第五步 用蒸馏水淋洗	用自来水冲洗后，再用少量蒸馏水淋洗 2 ~ 3 次。	烧杯内、外壁应不挂水珠。

任务二　常用化学试剂的取用

操作准备

实验名称	试剂名称	试剂用量
0.1 mol/L 氢氧化钠溶液的配制	氢氧化钠	4 g
0.1 mol/L 盐酸溶液的配制	浓盐酸	8.3 mL
	无水碳酸钠	0.12 ~ 0.15 g

小贴士

本书中若未对盐酸的质量分数进行说明，稀盐酸指质量分数低于 20% 的盐酸，浓盐酸指质量分数为 36.8% 的市售盐酸。

操作步骤

步骤 1　列出所用试剂的等级、符号及标签颜色

实验名称	试剂名称	试剂等级	符号	标签颜色
0.1 mol/L 氢氧化钠溶液的配制	氢氧化钠			
0.1 mol/L 盐酸溶液的配制	浓盐酸			
	无水碳酸钠			

步骤 2　固体试剂的称量

1. 按__________法称量氢氧化钠。

操作步骤	操作内容	操作说明
第一步　检查计量标识 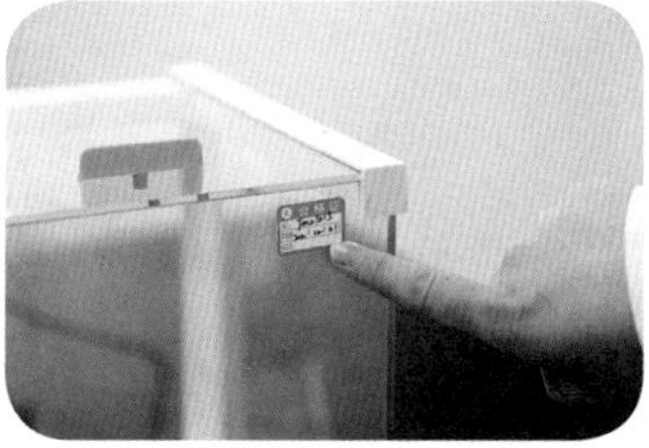	1. 查看有无计量标识。 2. 查看使用期是否在检定的有效期内。	—
第二步　水平调节 	调整水平调节脚，使水平仪内气泡位于圆环中央。	旋转天平两底脚可调节水平状态。
第三步　开机 	接通电源，轻按“O/T（清零、内校准）”键，当显示器显示“0.000 0 g”时，电子称量系统自检过程结束。	天平长时间断电后再使用时，至少需预热 30 min。
第四步　天平清零 	打开天平侧窗，将烧杯轻轻放在秤盘上，读数稳定后，不需记录称量数据，按“O/T”键，待显示器显示“0.000 0 g”。	小烧杯预先洗净、烘干。

续表

操作步骤	操作内容	操作说明
第五步　添加适量试样 	用药匙将试样缓缓加入烧杯容器的中央，直到天平读数与所需样品的质量要求基本一致（误差范围≤0.2 mg）。	关闭天平侧窗，待显示数值稳定后读数。
第六步　读数，记录数据 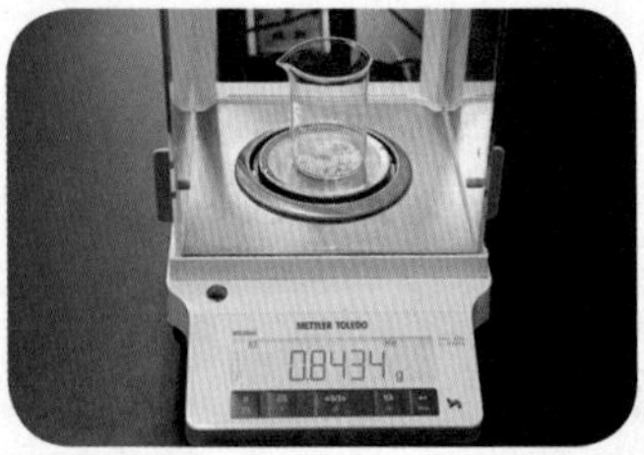	读数稳定后，在“固定质量称量法数据记录表”中记录称量所得的样品质量。	数据记录应准确、清晰，不可涂改。
第七步　关机，仪器清扫	1. 称量完毕，按“O/T”键，关闭显示器，此时天平处于待机状态。 2. 检查天平秤盘上是否干净，若不干净，应用毛刷将异物轻轻扫出。 3. 清理完毕后，罩上布罩。	若当天不再使用该天平，应拔下电源插头。

固定质量称量法数据记录表

检验员姓名：＿＿＿＿＿＿　日期：＿＿＿＿＿＿　单位：g

第一次称量	第二次称量

2. 按__________法称取无水碳酸钠。

第一步至第三步的操作内容和说明同氢氧化钠的称量。

操作步骤	操作内容	操作说明
第四步　称取称量瓶加试样的总质量	打开天平侧窗，将装试样的称量瓶轻轻放在秤盘的正中位置上，关闭天平侧窗，准确称出称量瓶和试样的总质量，读数稳定后，在“递减称量法数据记录表”中记录称量数据。	不应用手直接触及称量瓶，使用时应戴手套或用纸带夹瓶身和瓶盖。
第五步　倾倒试样，试重	1. 打开天平侧窗，将称量瓶取出，在接收器（小烧杯）上方倾斜瓶身，用称量瓶盖轻敲瓶口上部，使试样缓缓落于烧杯中，当敲出的试样已接近所需要的质量时，一边继续用瓶盖轻敲瓶口，一边逐渐将瓶身竖直，使黏附在瓶口的试样落下，然后盖好瓶盖。 2. 将称量瓶放回秤盘后，天平显示出的数值即为已敲出样品的质量。若一次未达到所需样品的质量，可重复上述操作，此时不需再按任何键。	1. 取样过程可以采用“少量多次”。 2. 敲取样品时，称量瓶要靠近接收器口，瓶盖轻敲称量瓶瓶口上缘，边敲边倾斜瓶身，注意不要洒到接收器外；敲取完后，要边敲边慢慢直立瓶身。
第六步　读数，记录数据	关闭天平侧窗，待显示数值稳定后读数，即为差减所得样品的实际质量，在记录表中清楚、准确记录称量所得的样品质量。	重复步骤四至步骤六，共称量 3 次。敲出的样品不在 0.12 ~ 0.15 g 内的应重称。
第七步　关机，仪器清扫	同氢氧化钠的称量。	同氢氧化钠的称量。

递减称量法数据记录表

样品名称：__________ 检验员姓名：__________ 检验日期：__________

单位：g

项目	第一次称量	第二次称量	第三次称量
m_1：敲样前称量瓶加样品的质量			
m_2：敲样后称量瓶加样品的质量			
m：称取样品的质量			

步骤 3　液体试剂的量取

分别取用规格为 10 mL 的量筒和规格为 25 mL 的吸量管按要求量取浓盐酸______ mL。

拓展内容

一、食品检验用一般器皿要求

1. 玻璃量器的要求

检验方法中所使用的滴定管、吸量管、容量瓶、刻度吸管、比色管等玻璃量器均应按国家有关规定及规程进行校准或检定。玻璃量器必须经彻底洗净后才能使用。

2. 测量仪器的要求

天平、酸度计、温度计、分光光度计等均应按国家有关规定及规程进行校准或检定。

> **小贴士**
>
> 检验方法中所列仪器为该方法所需要的主要仪器，一般实验室常用仪器不再列入。

二、仪器、设备的计量器具标识

1. 计量器具标识的意义

准用标志代表测量设备已经测试或校准合格。质检部门为测量设备标志的管理部门，使用部门负责测量设备的标志管理。测量设备使用人员应妥善保护好标志，无合格标记，测量数据一律视为无效。

2. 计量器具标识的内容

计量器具标识内容一般包括仪器（设备）编号、有效期、检定员姓名，如图 2–1–1 所示。

3. 计量器具标识的粘贴位置

计量器具标识一般贴在测量设备正面，且不影响读数的位置。

图 2–1–1　计量器具标识

> **小贴士**
>
> 电子分析天平、恒温水浴锅、恒温干燥箱、灰化炉、酸度计、电导仪、分光光度计等设备均需有计量器具标识。

三、分析用水的制备

制备实验室用纯水的原始用水，应当是饮用水或比较纯净的水。如有污染，则必须进行预处理。纯水制备的方法很多，常用以下四种方法。

1. 蒸馏法

蒸馏法制备纯水是根据水与杂质的沸点不同，将自来水用蒸馏器蒸馏得到蒸馏水。用此法制备纯水操作简便、成本低，能除去水中非挥发性杂质，但不能除去易溶于水的气体。

目前使用的蒸馏器材质有玻璃、铜、石英等，由于蒸馏器的材质不同，带入蒸馏水中的杂质也不同。用玻璃蒸馏器制得的水中会有 Na^+、SiO_3^{2-} 等，用铜蒸馏器制得的蒸馏水中常含有 Cu^{2+} 等，故蒸馏一次所得的蒸馏水只能用于定性分析或一般工业分析。

2. 离子交换法

离子交换法是利用离子交换树脂（具有特殊网状结构的人工合成有机高分子化合物）净化水的一种方法。常用于净化自来水的离子交换树脂有两种，一种是强酸性阳离子交换树脂，另一种是强碱性阴离子交换树脂。当水流过两种交换树脂时，阳离子和阴离子交换树脂分别将水中的杂质阳离子和阴离子交换为 H^+ 和 OH^-，从而达到净化水的目的。由于离子交换法方便有效且较经济，故在化工、冶金、环保、医药、食品等行业得到广泛应用。

与蒸馏法相比，离子交换法生成设备简单，节约燃料和冷却水，并且水质化学纯度高，因此是目前各类实验室中最常用的方法，但其局限性是不能完全除去非电解质和有机物。

3. 电渗析法

电渗析法是一种固膜分离技术。电渗析纯化水是除去原水中的电解质，故又称为电渗析离盐，是常用的脱盐技术之一。它是利用离子交换膜的选择透过性，即阳离子交换膜只允许阳离子透过，阴离子交换膜仅允许阴离子透过，在外加直流电的作用下，使一部分水中的离子透过离子交换膜移到另一部分水中，造成一部分淡化，另一部分浓缩，收集淡水即为所需的纯化水。此纯化水能满足一般工业用水的需求。

4. 反渗透法

反渗透法的原理是让水分子在压力的作用下，通过反渗透膜成为纯水，水中杂质被反渗透膜截留排出。反渗透法克服了蒸馏法和离子交换法的许多缺点，利用反渗透技术可以有效去除水中的溶解盐、胶体、细菌、大部分有机物等杂质。

理论知识复习

一、判断题

1. 实验室常用的洗液有铬酸洗液、碱性洗液、洗涤剂。（　　）
2. 玻璃的化学成分主要是 SiO_2、Si_2O_3。（　　）
3. 玻璃器皿常用的干燥方法有晒干、烘干、热（冷）风吹干。（　　）
4. 玻璃器皿洗净的标准是内壁被水均匀润湿，而无任何条纹和水珠存在。（　　）
5. 使用量筒时应注意视线与液面水平，读取与弯液面最高点相切的刻度。（　　）

二、单项选择题

1.（　　）烘干后应放在干燥器中冷却、保存。

A. 吸管　　B. 称量瓶

C. 滴定管　　D. 带磨口塞的玻璃器皿

2. 试剂瓶使用时应注意（　　）。

A. 不能加热　　B. 盛放碱性溶液要用胶塞或软木塞

C. 试剂瓶必须保证标签完好　　D. 以上都正确

3.（　　）试剂不能长时间存放于玻璃器皿中。

A. 50% NaOH 溶液　　B. 98% 硫酸溶液

C. 高锰酸钾溶液　　D. 硫酸亚铁溶液

4. 盛放见光易分解和不太稳定的试剂，应选择（　　）。

A. 广口瓶　　B. 细口瓶

C. 无色试剂瓶　　D. 棕色试剂瓶

5. 洗涤沾有油污的烧杯时，应选用（　　）进行洗涤。

A. 铬酸洗液　　B. 碱性洗液　　C. 盐酸　　D. 硫酸

三、简答题

1. 简述玻璃器皿的洗涤方法。

2. 简述电子天平的使用方法和注意事项。

项目二　常用试剂的配制

场景介绍

溶液的配制是食品检验员应掌握的一项基本操作技能，是食品检验过程中必不可少的操作步骤。张三今天的任务是配制溶液。

技能列表

序号	技能点	重要性
1	规范使用容量瓶	★★★★
2	配制一般溶液	★★★★★
3	配制与标定标准溶液	★★★★★
4	制备培养基	★★★★★

知识列表

序号	知识点	重要性
1	溶液的定义及分类	★★★
2	溶液浓度的表示方式	★★★
3	一般溶液浓度的计算	★★★★
4	一般溶液和标准溶液的配制方法	★★★★★
5	培养基的作用、主要成分和类别	★★★★
6	培养基的制备步骤及保存方法	★★★★★

知识准备

2.2.1 溶液的定义及分类

1. 溶液的定义

溶液是指溶质以分子、原子或离子状态分散于另一种物质（溶剂）中构成的均匀又稳定的体系。溶剂是用来溶解的物质（试剂），溶质是被溶剂溶解的物质。例如，用盐和水配制盐水，水就是溶剂，盐就是溶质。两种溶液互溶时，一般把量多的一种叫溶剂，量少的一种叫溶质。

2. 溶液的分类

按溶剂状态不同，分为固态溶液、液态溶液、气态溶液；按溶质在溶剂中分散颗粒的大小，分为真溶液、胶体溶液和悬浮液；按溶液在滴定分析中的用途，分为标准溶液、一般溶液和指示剂溶液。食品检验中，标准溶液的使用非常广泛，需要通过标准溶液的浓度和用量来计算待测组分含量，因此标准溶液的正确配制与标定以及标准溶液的妥善保存对提高分析结果的准确度有重要意义。

2.2.2 溶液浓度的表示方式

食品检验中，随时都要用到各种浓度的溶液，溶液浓度通常是指在一定量的溶液中所含溶质的量。在国际标准和国家标准中，溶剂用 A 表示，溶质用 B 表示。

1. 标准滴定溶液用物质的量浓度表示，如 $c(H_2SO_4)$=0.104 1 mol/L，$c(KMnO_4)$=0.050 39 mol/L。

2. 几种固体试剂的混合质量分数或液体试剂的混合体积分数可表示为（1+1），（4+2+1）等。

3. 如果溶液的浓度是以质量比或体积比为基础给出的，则可用质量分数或体积分数表示。例如，ω_B=0.25=25% 表示物质 B 质量占混合物质量的 25%，V_B=0.1=10% 表示物质 B 体积占混合物体积的 10%。

4. 溶液浓度以质量、容量单位表示的，可表示为质量－体积浓度（g/L）或以其适当的百分比浓度表示。

5. 如果溶液由另一种等量溶液稀释配制，应按照下列惯例表示：“稀释 $V_1 \rightarrow V_2$”，

将体积为 V_1 的特定溶液以某种方式稀释，最终混合物的总体积为 V_2；"稀释 V_1+V_2"，将体积为 V_1 的特定溶液加到体积为 V_2 的溶液中，如（1+1），（2+1）等。

2.2.3　一般溶液浓度的计算

用来控制化学反应的条件，在样品处理、萃取、分离、净化等操作中使用，其浓度要求不必准确到 4 位有效数字的溶液为一般溶液。

1. 一般溶液 B 的质量分数（ω_B）

（1）定义。一般溶液 B 的质量分数是指溶质 B 的质量与混合物的质量之比。

（2）公式

$$\omega_B=\frac{m_B}{m}\times 100\%$$

式中　ω_B——溶质 B 的质量分数；

m_B——溶质 B 的质量，g；

m——溶液的总质量，g。

例题讲解

［例 2-1］ 配制 100 g 质量分数为 35% 的葡萄糖溶液。

解： 从题目可知，葡萄糖溶液的质量分数 ω_B=35%，质量 m=100 g，则葡萄糖的质量 m_B=100 × 35%=35 g，蒸馏水的质量 $m-m_B$=100−35=65 g。

配制： 准确称取葡萄糖 35 g 于烧杯中，加蒸馏水 65 g，混匀。

2. 一般溶液 B 的质量浓度（ρ_B）

（1）定义。一般溶液 B 的质量浓度是指单位体积溶液中所含溶质 B 的质量。

（2）公式

$$\rho_B=\frac{m_B}{V}$$

式中　ρ_B——溶质 B 的质量浓度，g/L；

m_B——溶质 B 的质量，g；

V——溶液的总体积，L。

例题讲解

[例 2-2] 配制 100 mL 质量浓度为 30 g/L 的氯化钠溶液。

解： 从题目可知，氯化钠溶液的质量浓度 ρ_B=30 g/L，体积 V=100 mL，则氯化钠的质量 m_B=30 × 100/1 000=3 g。

配制： 准确称取氯化钠 3 g 于烧杯中，加蒸馏水稀释到 100 mL，混匀。

3. 一般溶液 B 的体积分数（ϕ_B）

（1）定义。一般溶液 B 的体积分数是指混合前溶液 B 的体积与混合物的体积之比。

（2）公式

$$\phi_B=\frac{V_B}{V}\times 100\%$$

式中 ϕ_B——溶质 B 的体积分数；

V_B——溶质 B 的体积，mL；

V——溶液的总体积，mL。

例题讲解

[例 2-3] 配制 500 mL 体积分数为 40% 的乙醇溶液。

解： 从题目可知，乙醇溶液的体积分数浓度 ϕ_B=40%，乙醇溶液体积 V_B=500 mL，则乙醇体积 $V_{乙B}$=500 × 40%=200 mL，蒸馏水的体积 $V_{蒸A}$=500−200=300 mL。

配制： 准确量取乙醇 200 mL 于试剂瓶中，加蒸馏水 300 mL，混匀。

4. 一般溶液 B 的物质的量浓度（c_B）

（1）定义。一般溶液 B 的物质的量浓度是指单位体积溶液中所含溶质 B 的物质的量。

（2）公式

$$c_B=\frac{n_B}{V}=\frac{m_B}{M_B V}$$

式中 c_B——溶质 B 的物质的量浓度，mol/L；

n_B——溶质 B 的物质的量，mol；

V——溶液的体积，L；

M_B——溶质的摩尔质量，g/mol；

m_B——溶质 B 的质量，g。

例题讲解

[例 2-4] 配制 100 mL 物质的量浓度为 0.1 mol/L 的氢氧化钠溶液。

解： 从题目可知，氢氧化钠溶液的物质的量浓度 c_B=0.1 mol/L，体积 V=100 mL，氢氧化钠的摩尔质量 M_B=40 g/mol，则氢氧化钠的质量 $m_B=c_BM_BV=0.1\times40\times100/1\,000=0.4$ g

配制： 准确称取氢氧化钠 0.4 g 于烧杯中，加蒸馏水稀释至 100 mL，混匀。

5. 比例浓度

（1）定义。比例浓度是指溶质（或浓溶液）体积与溶剂体积之比。比例浓度包括容量比浓度和质量比浓度。容量比浓度是指液体试剂相互混合或用溶剂稀释时的表示方法。质量比浓度是指两种固体试剂相互混合的表示方法。

（2）公式

$$\frac{V_1}{V_2}=\frac{B}{A+B}，\frac{m_1}{m_2}=\frac{B}{A+B}$$

式中 V_1——溶液溶质的体积，mL；

V_2——溶液配制后的总体积，mL；

m_1——固体混合物中 A 比例的物质质量，g；

m_2——固体混合物中 B 比例的物质质量，g；

A——溶液溶剂的比例数值；

B——溶液溶质的比例数值。

例题讲解

[例 2-5] 配制 1 000 mL 比例浓度为（2+3）的冰乙酸溶液。

解： 从题目可知，乙酸溶液的总体积 V_2=1 000 mL，乙酸的比例数值为 2，蒸馏水的比例数值为 3，则乙酸的体积 V_1=1 000×［2/（2+3）］=400 mL，蒸馏水的体积 = 1 000−400=600 mL。

配制： 准确量取乙酸 400 mL，缓慢倒入 600 mL 蒸馏水中，混匀。

6. 溶液的稀释和溶液物质的量浓度的换算

（1）溶液的稀释。在溶液中加入溶剂后，溶液的体积增大而物质的量浓度变小的过程，称为溶液的稀释。由于稀释时只加入溶剂而不加入溶质，所以溶液在稀释前后，溶质的量不变。即稀释前溶质的量 = 稀释后溶质的量。

$$c_1V_1=c_2V_2$$

式中　V_1，V_2——溶液稀释前后的体积，mL；

c_1，c_2——溶液稀释前后的物质的量浓度，mo1/L。

例题讲解

[例 2-6] 配制 200 mL 0.5 mo1/L 盐酸溶液，需要 12 mol/L 的浓盐酸多少毫升？

解： 从题目可知，浓盐酸的物质的量浓度 c_1=12 mol/L，稀释后盐酸的物质的量浓度 c_2=0.5 mo1/L，稀释后盐酸的体积 V_2=200 mL，浓盐酸的体积 V_1=0.5×200/12≈8.3 mL。

配制： 准确量取浓盐酸 8.3 mL，缓慢倒入适量蒸馏水中，冷却后，用蒸馏水稀释至 200 mL。

注意： 不可将水倒入浓盐酸中，以防浓盐酸溅出伤人。

（2）溶液浓度的换算

1）质量分数与物质的量浓度的换算

$$c_B=\frac{\rho_B\times 1\,000\times\omega_B}{M_B}$$

式中 c_B——溶质 B 的物质的量浓度，mo1/L；

ρ_B——溶质 B 的密度，g/mL；

ω_B——溶质 B 的质量分数；

M_B——溶质的摩尔质量，g/mo1。

2）质量浓度与物质量浓度的换算

$$c_B=\frac{\rho_B}{M_B}$$

式中 c_B——溶质 B 的物质的量浓度，mo1/L；

ρ_B——溶质 B 的质量浓度，g/L；

M_B——溶质的摩尔质量，g/mo1。

例题讲解

［例 2-7］配制 200 mL 质量分数为 30% 硫酸溶液（市售硫酸溶液的相对密度是 1.84 g/mL，质量分数是 98%，质量分数为 30% 的硫酸溶液的相对密度是 1.22 g/mL）。

解：由于浓溶液取用量以量取体积较为方便，故一般需查阅酸、碱溶液浓度－密度关系表，依据溶质的总量在稀释前后不变，进行体积计算。

即 $$V_0\rho_0\omega_0=V\rho\omega$$

式中 V_0，V——溶液稀释前后的体积，mL；

ρ_0，ρ——溶液稀释前后的密度，g/mL；

ω_0，ω——溶液稀释前后的质量分数。

从题目可知，稀释前的硫酸溶液质量分数 ω_0=98%，相对密度 ρ_0=1.84，稀释后的硫酸溶液质量分数 ω=30%，相对密度 ρ=1.22 g/mL，体积 V=200 mL，则稀释前的硫酸溶液的体积 V_0=（200×1.22×30%）/（1.84×98%）≈40.6 mL。

配制：准确量取浓硫酸 40.6 mL，缓慢倒入适量蒸馏水中，冷却后，用蒸馏水稀释至 200 mL。

注意：切不可将水倒入浓硫酸中，以防浓硫酸溅出伤人。

2.2.4 溶液的配制

1. 一般溶液的配制

（1）一般溶液的配制步骤

1）计算。计算所需溶质的质量或液体溶质的体积。

2）称量（量取）。用天平称取固体溶质的质量，或用量筒（或滴定管、吸量管）量取液体溶质的体积。

3）溶解或稀释。在烧杯中加入溶剂溶解或稀释溶质。

4）转移。将烧杯中冷却后的溶液转入容量瓶，用配制该溶液的溶剂冲洗烧杯和玻璃棒 2 ~ 3 次，洗涤液一并转移入容量瓶，振荡，使溶液混合均匀。

5）定容。向容量瓶中注入溶剂至距离刻度线 2 ~ 3 cm 处，改用滴管滴加溶剂至溶液弯月面与刻度线正好相切。

6）盖好瓶塞，上下反复颠倒，摇匀。

（2）一般溶液配制过程中的注意事项

1）容量瓶使用之前必须检查其完好性。

2）容量瓶的规格必须与配制的溶液体积相符。

3）溶质未稀释前不可直接放入容量瓶中溶解或稀释。

4）溶解过程中发生放热反应的，必须冷却至室温方能转移。

5）定容后，经反复颠倒、摇匀后会出现容量瓶中的液面低于容量瓶刻度线的情况，不能再向容量瓶中添加溶剂。

6）若加溶剂定容时超过容量瓶刻度线，必须重新配制。

7）检验方法中未指明溶液用何种溶剂配制时，均指水溶液。

2. 标准溶液的配制

（1）标准溶液的定义。用来测定物质含量的具有准确浓度的溶液为标准溶液。

（2）标准溶液的配制方法。标准溶液是滴定分析中进行滴定计算的依据之一。不论采用何种滴定方法，都离不开标准溶液。因此，正确配制标准溶液，确定其准确浓度，妥善贮存标准溶液，都关系到滴定分析结果的准确性。配制标准溶液的方法一般有直接配制法和间接配制法。

1）直接配制法。用分析天平准确称取一定量的溶质，溶于适量水后定量转移到容量瓶中，稀释到标线，定容，摇匀。根据溶质的质量和容量瓶的容积计算该溶液的准确浓度。能用直接配制法配制标准溶液的物质，称为基准物质或基准试剂，其也是用来确定某一溶液准确浓度的标准物质。基准物质必须满足的条件如下。

①试剂必须具有足够高的纯度，一般要求其纯度在99.9%以上，所含的杂质应不影响滴定反应的准确度。

②物质的实际组成与其化学式完全相符，若含有结晶水，其结晶水的数目也应与化学式完全相符。

③试剂应该稳定，不易吸收空气中的水分，不易被空气氧化，受热不易分解等。

④试剂最好有较大的摩尔质量，这样可以减少称量误差。

2）间接配制法。用来配制标准溶液的许多试剂不能完全符合基准物质必备的条件，如氢氧化钠极易吸收空气中的二氧化碳和水分，纯度不高；市售盐酸中盐酸的准确含量难以确定，且易挥发；高锰酸钾和硫代硫酸钠等均不易提纯，且见光分解，在空气中不稳定等。因此这类试剂不能用直接法配制标准溶液，只能用间接法配制，即先配制成接近于所需浓度的溶液，然后用基准物质（或另一种物质的标准溶液）来测定其准确浓度。因此，该方法又称标定法。

知识链接

标定法配制标准溶液

例如，欲配制0.1 mol/L NaOH标准溶液，先粗称一定量的NaOH固体试剂，配制成浓度约为0.1 mol/L的稀溶液，然后用该溶液滴定经准确称量的基准物质邻苯二甲酸氢钾，直至两者定量完全反应，再根据滴定中消耗NaOH溶液的体积和邻苯二甲酸氢钾的质量，计算出NaOH溶液的准确浓度。大多数标准溶液的准确浓度是通过标定的方法确定的。

3. 溶液的贮存

（1）一般试剂用硬质玻璃瓶存放，碱性溶液和金属溶液用聚乙烯瓶存放；同时正确填写试剂标签，标明试剂名称、浓度、配制日期和人员、有效期等。

（2）除特殊规定外，标准滴定溶液在常温（15 ~ 25 ℃）下，保存时间一般不超过两个月，当溶液出现混浊、沉淀、颜色变化等现象时，应重新制备。

（3）常规化学溶液需按其试剂特性，如避光、低温、防潮等进行分类贮存。

2.2.5 培养基的制备

培养基是指人工配制的液体、固体或半固体形式的，含天然或合成成分，用于保证微生物生长繁殖、鉴定或保持其活力的物质。培养基的主要成分有营养物质、水分、凝固物质、抑菌剂和指示剂。目前，在微生物检验过程中常用商品化脱水合成的培养基，其应用快捷、方便。

1. 培养基的主要成分

（1）营养物质。不同的微生物对营养物质有不同的需求，详见表 2-2-1。

表 2-2-1　　培养基中的主要营养物质

营养物质	主要作用及来源
蛋白胨	主要作为氮源，是由蛋白质经酶或酸碱分解而成的混合物。胰蛋白胨含有各种游离的氨基酸，最易被细菌利用。此外，蛋白胨在培养基中还具有缓冲作用和高温下不凝固、遇酸不沉淀等特点
肉浸液	肉浸液含有可作为氮源和碳源的物质，加热后大部分蛋白质已凝固，仅留少许氨基酸和其他含氮物，以刺激细菌生长
牛肉膏	牛肉膏由肉浸液经长时间加热蒸发掉水分而制得，为微生物提供碳源、氮源、磷酸盐和维生素。由于其中不耐热物质（如糖类）已被破坏，故营养价值不及肉浸液
糖（醇）类	主要作为碳源物质，常用的糖类有单糖（如葡萄糖、阿拉伯糖）、双糖（如乳糖、蔗糖）、多糖（如淀粉）；醇类有甘露醇、卫矛醇等
血液	加血液制成的培养基，除增加培养基中蛋白质、多种氨基酸、糖类、无机盐等营养成分外，还能提供辅酶（如 V 因子）、血红素（X 因子）等特殊的生长因子。此外，血液在培养基中还可以测定细菌的溶血作用
鸡蛋和动物血清	有少部分细菌可直接利用鸡蛋和动物血清作为养料，故鸡蛋和动物血清能制备特殊的营养培养基。此外，鸡蛋和动物血清还有凝固剂的作用，使培养基凝固成固体培养基，便于观察细菌菌落的生长情况
无机盐类	在制备培养基时，常加入氯化钠、硫酸盐、磷酸盐和含钠、钾及镁元素的化合物。氯化钠除构成菌体中酶的激活剂外，还可维持一定的渗透压；磷酸盐作为细菌良好的磷源，在培养基中还具有缓冲作用
生长因子	在制备培养基时，常加入某些氨基酸、维生素、嘌呤、嘧啶等物质，以满足某些细菌生长的需要

（2）水分。制备培养基应使用蒸馏水。

（3）凝固物质。常见的凝固物质有琼脂、明胶、卵黄蛋白、血清等。对绝大多数微生物而言，琼脂是最理想的凝固剂，也是应用最广的凝固剂，琼脂是从石花菜等海藻中提取的胶体物质，其主要成分是多糖，本身并无营养价值。加入琼脂制成的培养基在 98～100 ℃下熔化，于 40 ℃凝固。但多次反复熔化会降低其凝固性。

知识链接

理想的凝固物质应具备的条件

1. 不被所培养的微生物分解利用。

2. 在微生物生长的温度范围内保持固体状态，在培养嗜热细菌时，由于高温容易引起培养基液化，通常在培养基中适当增加凝固剂来解决这一问题。

3. 凝固点温度不能太低，否则将不利于微生物的生长。

4. 对所培养的微生物无毒害作用。

5. 在灭菌过程中不会被破坏。

6. 透明度好，黏着力强。

7. 配制方便且价格低廉。

（4）抑制剂。加入一定量的抑制剂可抑制竞争菌的生长或使其少生长，有利于目标菌的生长。抑制剂的种类很多，常用的有胆盐、煌绿、玫瑰红酸、亚硫酸钠、某些染料、抗生素等，这些物质具有选择性抑菌作用。

（5）指示剂。为了便于观察细菌是否利用和分解糖类等物质，常在某些培养基中加入一定种类的指示剂，常见的指示剂有酚红、溴甲酚紫、煌绿、溴麝香草酚蓝、中性红、甲基红等。

2. 培养基的类别

微生物种类繁多，对营养物质的要求各不相同，且实验和研究的目的也不同，所以培养基在组成成分上各有差异。为了更好地研究培养基，可以根据不同的标准将培养基进行分类。

（1）按物理状态分（见表 2–2–2）

表 2–2–2　培养基按物理状态分类

物理状态	配制方法	举例
液体培养基	各营养成分按一定比例配制而成的水溶液或液体状态的培养基	营养肉汤培养基、月桂基、硫酸盐胰蛋白胨肉汤培养基等
固体培养基	在液体培养基中加入一定量固化物（如琼脂、明胶等），加热至 100 ℃溶解，冷却后凝固成固体状态的培养基	营养琼脂培养基、平板计数琼脂培养基等
半固体培养基	在液体培养基中加入极少量固化物（如琼脂、明胶等），加热至 100 ℃溶解，冷却后凝固成半固体状态的培养基	葡萄糖半固体培养基等

（2）按组成成分分（见表 2–2–3）

表 2–2–3　培养基按组成成分分类

组成成分	配制方法	举例
天然培养基	利用生物组织、器官及其抽取物或制品配成	牛肉膏蛋白胨培养基等
合成培养基	使用成分完全已知的化学药品配制而成	察氏培养基等
半合成培养基	由部分天然材料和部分已知的纯化学药品组成	马铃薯 – 蔗糖培养基等

（3）按用途分（见表 2–2–4）

表 2–2–4　培养基按用途分类

用途	配制方法	举例
基础培养基	含有微生物所需要的基本营养成分	营养琼脂培养基等
营养培养基	在基础培养基中加入葡萄糖、血液、血清、酵母浸膏等物质，可供营养要求较高的微生物生长	血琼脂平板、巧克力琼脂平板等
选择培养基	根据某一种或某一类微生物的特殊营养要求或针对一些物理、化学条件的抗性而设计的培养基。利用这种培养基可以把需要的微生物从混杂的其他微生物中分离出来	胆盐乳糖培养基（在培养基中加入胆盐可抑制革兰氏阳性菌的生长，以利于革兰氏阴性菌的生长）
鉴别培养基	加入某些特殊试剂或化学药品，使培养基在微生物培养后发生某种变化，从而鉴别不同类型的微生物	伊红美蓝琼脂培养基、醋酸铅培养基等
厌氧培养基	将培养基和环境中的空气隔绝，或降低培养基中氧化还原电位，以保证专性厌氧菌的生长	在液体培养基的表面盖凡士林或蜡，或加入碎肉块制成庖肉培养基等

3. 商品化脱水培养基的制备

（1）计算。根据培养基的配方，计算出培养基的称取质量。

（2）加热溶解。将称取好的培养基转入烧杯中，加蒸馏水搅拌均匀，置于电炉上加热，边加热边用玻璃棒搅拌，直至溶解。

（3）调整 pH 值。用 pH 试纸或酸度计测试培养基的 pH 值，再根据需要用 1 mol/L NaOH 溶液或 1 mol/L HCl 溶液调整到所要求的 pH 值。

（4）分装。根据试验要求分装培养基。液体分装高度以试管高度的 1/4 为宜；固体分装量以管高的 1/5 为宜；半固体分装量一般以试管高度的 1/3 为宜；分装三角瓶，以不超过三角瓶容积的 2/3 为宜。

（5）包扎。培养基溶解后加好棉塞或试管帽，再包上一层防潮纸，用棉绳系好。在包装纸上标明培养基名称、配制者姓名、配制日期等，并贴好无菌指示条。

（6）灭菌。根据配方所规定的条件进行灭菌。

（7）质量监控。将已灭菌的培养基放于 36 ℃恒温培养箱中培养，经过 1 ~ 2 天，若无菌生长，即可使用或冷藏备用。

知识链接

高压蒸汽灭菌锅的使用

高压蒸汽灭菌锅用途广、效率高，是微生物检验中最常用的灭菌器。高压蒸汽灭菌锅的种类有卧式和直立式两种，具体操作步骤如下。

1. 加水

高压蒸汽灭菌锅使用前，先打开灭菌锅盖，向锅内加水到水位线。最好用已煮开过的水或蒸馏水，以便减少水垢在锅内的积存。

2. 装锅

将欲灭菌的物品包好后，放入灭菌桶内（灭菌物品不能放得过满，以免影响灭菌效果），盖好锅盖，将螺旋柄拧紧，打开排气阀。

3. 启动

开启电源。

4. 排尽冷空气

灭菌锅内水沸腾后，蒸汽逐渐驱赶锅内冷空气，当温度升至 100 ℃时说明锅内已充满蒸汽，冷空气被排尽。此时，关闭排气阀。

5. 升压、保压与灭菌

排气阀关闭后，锅内成密闭系统，蒸汽压不断上升，当锅内压力升到0.103 MPa、温度为121 ℃时开始计时，并控制热源，保持该压力、温度状态30 min即完成灭菌。灭菌压力和时间的选择，视具体灭菌物品而定。

6. 降压与排气

灭菌结束后，先切断电源，停止加热，使其自然冷却，待压力指针回到零位再等数分钟后，将排气阀打开。切勿过早打开排气阀，否则压力突然下降而形成压力差过大，易导致灭菌容器内液体及物品冲出容器。

7. 出锅

打开锅盖，取出灭菌物品。

任务实施

任务一　一般溶液的配制

操作准备

1. 仪器设备及器皿选用。

名称	规格与要求	数量
电子天平	感量为0.1 mg	1台
试剂瓶	100 mL	4个
烧杯	100 mL	1个
量筒	10 mL，50 mL，100 mL	各1个
容量瓶	100 mL	1个
玻璃棒	—	1根

2. 试剂选用：氯化钠、无水乙醇、硫酸铜、盐酸。

操作步骤

1. 100 g 质量分数为 5% 的氯化钠溶液的配制

<table>
<tr><th>步骤</th><th>内容</th><th>注意事项</th></tr>
<tr><td>第一步
计算</td><td>根据公式 $\omega_B=(m_B/m)\times100\%$，所需试剂量如下表。
<table><tr><td>试剂名称</td><td>计算结果</td></tr><tr><td>氯化钠</td><td>______ g</td></tr><tr><td>蒸馏水</td><td>______ mL</td></tr></table></td><td>计算过程认真、仔细，避免计算错误造成氯化钠溶液配制失败。</td></tr>
<tr><td>第二步
称量</td><td>1. 称取______ g 氯化钠固体试剂于烧杯中。
2. 量取______ mL 蒸馏水于烧杯中。</td><td>精确到 ±0.1 g。</td></tr>
<tr><td>第三步
溶解</td><td>将称量好的蒸馏水倒入盛有氯化钠的烧杯中，搅拌至溶解。</td><td>搅拌过程中切勿将液体溅出。</td></tr>
<tr><td>第四步
装瓶，贴标签</td><td>1. 装于试剂瓶中。
2. 贴标签，备用。</td><td>1. 试剂瓶预先清洗干净。
2. 存放于试剂柜中。</td></tr>
</table>

2. 100 mL 体积分数为 50% 的乙醇溶液的配制

<table>
<tr><th>步骤</th><th>内容</th><th>注意事项</th></tr>
<tr><td>第一步
计算</td><td>根据公式 $\phi_B=(V_B/V)\times100\%$，所需试剂量如下表。
<table><tr><td>试剂名称</td><td>计算结果</td></tr><tr><td>无水乙醇</td><td>______ mL</td></tr><tr><td>蒸馏水</td><td>______ mL</td></tr></table></td><td>计算过程认真、仔细，避免计算错误造成乙醇溶液配制失败。</td></tr>
<tr><td>第二步
量取无水乙醇</td><td>用量筒准确量取______ mL 无水乙醇于烧杯中。</td><td>无水乙醇易挥发，注意量取过程要迅速，以免有较大误差。</td></tr>
<tr><td>第三步
量取蒸馏水</td><td>1. 用量筒量取______ mL 蒸馏水。
2. 倒入烧杯中。</td><td>1. 防止水滴溅出。
2. 量筒需倚靠烧杯内壁，沥干 1～2 min。</td></tr>
<tr><td>第四步
装瓶，贴标签</td><td>1. 装于试剂瓶中。
2. 贴标签，备用。</td><td>1. 试剂瓶预先清洗干净。
2. 存放于试剂柜中。</td></tr>
</table>

3. 100 mL 质量浓度为 5 g/L 的硫酸铜溶液的配制

步骤	内容	注意事项
第一步 计算	根据公式 $\rho_B=m_B/V$，所需试剂量如下表。 <table><tr><td>试剂名称</td><td>计算结果</td></tr><tr><td>硫酸铜</td><td>________ g</td></tr></table>	计算过程认真、仔细，避免计算错误造成硫酸铜溶液配制失败。
第二步 称量	称________ g 硫酸铜于烧杯中。	精确到 ±0.1 g。
第三步 溶解	用少量蒸馏水搅拌至溶解。	1. 搅拌过程中切勿将液体溅出。 2. 蒸馏水不可超过 100 mL。
第四步 转移	1. 溶解充分后，将溶液沿玻璃棒转移到容量瓶中。 2. 用蒸馏水洗涤烧杯和玻璃棒，洗液一并移入容量瓶，振荡摇匀。	用蒸馏水洗涤烧杯和玻璃棒 2～3 次。
第五步 定容	1. 向容量瓶中注入蒸馏水至距离刻度线 2～3 cm 处，改用滴管滴加蒸馏水至溶液弯月面与刻度线正好相切。 2. 盖好瓶塞，上下反复颠倒，摇匀。	1. 用一手食指顶住瓶塞，另一手的手指托住瓶底，反复颠倒，混匀。 2. 读数时应平视，不可俯视或仰视。
第六步 装瓶，贴标签	1. 装于试剂瓶中。 2. 贴标签，备用。	1. 试剂瓶预先清洗干净。 2. 存放于试剂柜中。

4. 50 mL 比例浓度为（1+4）的盐酸溶液的配制

步骤	内容	注意事项
第一步 计算	根据公式 $V_1/V_2=A/(A+B)$，所需试剂量如下表。 <table><tr><td>试剂名称</td><td>计算结果</td></tr><tr><td>浓盐酸</td><td>________ mL</td></tr><tr><td>蒸馏水</td><td>________ mL</td></tr></table>	计算过程认真、仔细，避免计算错误造成盐酸溶液配制失败。
第二步 量取蒸馏水	用量筒量取________ mL 蒸馏水于烧杯中。	量筒口需靠烧杯内壁，沥干 1～2 min。
第三步 量取浓盐酸	用量筒量取________ mL 浓盐酸。	浓盐酸为易挥发、强腐蚀性试剂，使用时应在通风处操作。

续表

步骤	内容	注意事项
第四步 稀释	将量取的浓盐酸倒入量好的蒸馏水中，稀释备用。	将盐酸倒入水中，边倒边搅拌。
第五步 装瓶，贴标签	1. 装于试剂瓶中。 2. 贴标签，备用。	1. 试剂瓶预先清洗干净。 2. 存放于试剂柜中。

任务二　标准溶液的配制

操作准备

1. 仪器设备及器皿选用。

名称	规格与要求	数量
电子天平	感量为 0.1 mg	1 台
试剂瓶	500 mL，1 000 mL	各 1 个
容量瓶	500 mL	1 个
烧杯	100 mL	1 个
量筒	50 mL，1 000 mL	1 个
玻璃棒	—	1 根

2. 试剂选用：重铬酸钾、氢氧化钠。

操作步骤

1. 500 mL 0.1 mo1/L 重铬酸钾溶液的配制

步骤	内容	注意事项
第一步 计算	根据公式 $m_B=c_B M_B V$，所需试剂量如下表。 <table><tr><td>试剂名称</td><td>计算结果</td></tr><tr><td>重铬酸钾</td><td>______ g</td></tr></table>	计算过程认真、仔细，避免计算错误造成重铬酸钾溶液配制失败。
第二步 称量	称取______ g 重铬酸钾于烧杯中。	精确到 ±0.1 mg，称量范围为 $m_B \times (1 \pm 5\%)$。
第三步 溶解	用少量蒸馏水搅拌至溶解。	溶解所需蒸馏水体积不可超过 50 mL。

续表

步骤	内容	注意事项
第四步 转移	1. 溶解充分后，将溶液沿玻璃棒转移到容量瓶中。 2. 用蒸馏水洗涤烧杯和玻璃棒，洗液一并移入容量瓶，振荡摇匀。	蒸馏水洗涤烧杯和玻璃棒 2～3 次。
第五步 定容	1. 向容量瓶中注入蒸馏水至距离刻度线 2～3 cm 处，改用滴管滴加溶剂至溶液弯月面与刻度线正好相切。 2. 盖好瓶塞，上下反复颠倒，摇匀。	1. 用一手食指顶住瓶塞，另一手的手指托住瓶底，反复颠倒，混匀。 2. 读数时应平视，不可俯视或仰视。
第六步 装瓶，贴标签	1. 装于试剂瓶中。 2. 贴标签，备用。	1. 试剂瓶预先清洗干净。 2. 存放于试剂柜中。

2. 1 000 mL 0.1 moL/L 的氢氧化钠溶液的配制

操作流程	操作内容	操作说明
第一步 计算	根据公式 $m_B=c_BM_BV$，所需试剂量如下表。 <table><tr><td>试剂名称</td><td>计算结果</td></tr><tr><td>氢氧化钠</td><td>________ g</td></tr></table>	计算过程认真、仔细，避免计算错误。
第二步 称量	称取________ g 氢氧化钠于烧杯中。	精确到 ±0.1 g。
第三步 溶解	量取 50 mL 蒸馏水搅拌至溶解。	注意用玻璃棒搅拌。
第四步 转移	1. 溶解充分后，将溶液沿玻璃棒转移到 1 000 mL 试剂瓶中。 2. 用剩余的 950 mL 蒸馏水洗涤烧杯和玻璃棒，洗液一并移入试剂瓶，振荡摇匀。	蒸馏水洗涤烧杯和玻璃棒 2～3 次。
第五步 装瓶，贴标签	贴标签，备用。	1. 试剂瓶预先清洗干净。 2. 存放于试剂柜中。

任务三　培养基的制备

操作准备

1. 仪器设备及器皿选用。

名称	规格与要求	数量
电子天平	感量为 0.1 g	1 台
烧杯	500 mL	1 个
锥形瓶	250 mL	1 个
量筒	250 mL	1 个
称量纸	无油	1 张
药匙	不锈钢	1 把
玻璃棒	—	1 根
电炉	封闭式	1 台
高压灭菌锅	—	1 台

2. 培养基：平板计数琼脂培养基。

操作步骤

150 mL 平板计数琼脂培养

步骤	内容	注意事项
第一步 计算称量	根据培养基的用法配方，计算出培养基的称取质量为______ g。用称量纸称取后转入烧杯中，先用量好的少量水溶解，再一起转入锥形瓶中。	培养基易吸潮，故称量要迅速，称好后马上盖紧培养基瓶盖。
第二步 加热溶解	放封闭式电炉上加热，边加热边用玻璃棒搅拌，直至煮沸溶解。	必须边加热边搅拌，防止结焦、溢出。
第三步 调整 pH 值	先用 pH 试纸或酸度计测试培养基的 pH 值，再用 1 mol/L NaOH 溶液或 1 mol/L HCl 溶液调整到所要求的 pH 值。	除标签注明外，市售干粉培养基不需调整 pH 值。
第四步 包扎标记	培养基溶解后加好棉塞或试管帽，再包上一层防潮纸，用棉绳系好。在包装纸上标明培养基名称、配制者姓名、配制日期等。	若培养基有其他用途，在此步骤前要对其进行分装。
第五步 灭菌	根据配方所规定的条件进行灭菌，灭菌温度______ ℃、灭菌时间______ min。	达到灭菌效果，注意不损伤培养基的有效成分。
第六步 备用	将已灭菌的培养基放于 36 ℃恒温培养箱中培养，经过 1～2 天后，若无菌生长，即可使用或冷藏备用。	—

拓展内容

一、提高标定准确度的方法

通常根据待测组分含量的高低选择标准溶液的物质的量浓度。在常量组分的测定中，标准溶液的物质的量浓度一般为 0.1 mol/L。为了提高标定的准确度，标定时应注意以下几点。

1. 标定应平行测定 3 ~ 4 次，至少重复 3 次，并要求测定结果的相对偏差不大于 0.2%。

2. 为减少测量误差，称取基准物质的量不应太少，最少应称取 0.2 g 以上；同样滴定到终点时消耗标准溶液的体积也不能太小，最好在 20 mL 以上。

3. 配制标准溶液时使用的量器，如滴定管、容量瓶、吸量管等，在必要时应校正其体积，并考虑温度的影响。

4. 标定好的标准溶液应该妥善保存，避免因水分蒸发而使溶液物质的量浓度发生变化；有些不够稳定，如见光易分解的 $AgNO_3$、$KMnO_4$ 等标准溶液应贮存于棕色瓶中，并置于暗处保存；能吸收空气中二氧化碳并对玻璃有腐蚀作用的强碱性溶液，最好装在塑料瓶中，并在瓶口处装一碱石灰管，以吸收空气中的二氧化碳和水。稳定性差的标准溶液久置后，在使用前还需重新标定其物质的量浓度。

二、微生物的营养物质

通过对微生物细胞化学组成和代谢产物化学成分的分析，可以大致看出微生物在生长繁殖过程中所需要的营养物质，一般包括碳源、氮源、无机盐、生长因子和水分。

1. 碳源

凡可构成微生物细胞和代谢产物中碳架来源的物质都称为碳源，其能够提供细胞物质中的碳素和微生物生长发育过程中所需要的能量。正因为碳源有双重功能，所以在微生物的营养需要中，对碳的需要量最大。

碳源的种类很多，从简单的无机碳化物（如 CO_2）到复杂的天然有机碳化合物（如糖类、醇类、有机酸、蛋白质及其分解产物、脂肪、烃类等），都可以被不同的微生物所利用。大多数微生物是以有机碳化合物作为碳源和能源的，糖类是最好的碳源，特别是葡萄糖。有些微生物能利用碳氢化合物（如石油）作为碳源；有些微生物能分解许多极毒物质，如氰化钾，它们正被人类用来消除“三废”（一般是指工业污染源产生的废水、废气和固体废弃物）；有些微生物能利用 CO_2 或碳酸盐作为唯一或主要的碳源。在生产实践中，发酵工业所需要的碳素原料主要是山芋粉、玉米粉、麸皮、废糖蜜、野生植物淀粉等。为了节约用粮、物尽其用、化废为宝，目前正在开展以豆腐水、发酵废液、酱渣、酒精、石油等作为微生物碳源的利用研究，有些已取得了显著成绩。

2. 氮源

凡是构成微生物细胞物质或代谢产物中氮素来源的物质称为氮源，氮源的主要功能是提供合成原生质和细胞其他结构的氮素来源，一般不提供能量，但硝化细菌是利用铵盐或硝酸盐作为氮源和能源的。

氮源的范围很广，无机氮源有铵盐、硝酸盐、氮气等，有机氮源有蛋白质及其分解产物、尿素、嘌呤、嘧啶等。在生产实践中，常用作氮源的有鱼粉、蚕蛹粉、各种饼粉、玉米浆等；在实验室中常用蛋白胨、牛肉膏、酵母浸出汁等。一般来说，蛋白质不是微生物的良好氮源，因为蛋白质必须先经过菌体的胞外酶水解后才能被利用。

微生物利用氮源的能力表现出很大的差异。大多数微生物只能利用铵盐、其他含氮盐、有机含氮化合物作为氮源，而少数微生物则能利用分子态氮作为氮源合成自己需要的氨基酸、蛋白质，这就是生物固氮作用。

知识链接

能源

凡是能提供微生物生命活动过程中需要的能量来源的物质都称为能源。顾名思义，能源的功能就是为微生物的生命活动提供能量。

能源因微生物种类不同而有所区别。对异养微生物而言，碳源就是能源。只在少数情况下，利用日光或氮源作为能源。对自养微生物而言，光能自养菌需要日光作为能源，化能自养菌则利用氧化无机物获得能量。

3. 无机盐

无机盐是微生物生长过程中不可缺少的营养物质，其在微生物生命活动过程中起着重要的作用，主要表现在以下几个方面。

（1）作为某些复杂化合物的重要组成部分，如磷是核酸的组成元素之一。

（2）作为酶的组成成分或酶的激活剂，如铁是过氧化氢酶、细胞色素氧化酶的组成成分，钙是蛋白酶的激活剂。

（3）调节微生物生长的物化条件，如细胞渗透压、氢离子浓度、氧化还原电位等，磷酸盐就是重要的缓冲剂。

（4）作为某些自养微生物的能源。微生物需要的无机盐一般包括硫酸盐、磷酸盐、氯化物、含钾、钠、镁、铁等的化合物。从量的角度，可分主要元素和微量元素两大类。主要元素一般指磷、硫、钾、镁、钙、钠、铁等，微量元素一般指锌、锰、钼、钴等。

4. 生长因子

凡是微生物本身不能自行合成，但生命活动又不可缺少的特殊营养物，称为生长因子。从广义上讲，生长因子包括氨基酸、嘌呤、嘧啶、维生素；从狭义上讲，专指维生素。由于它本身不能合成，所以常要由外界提供。它的功能在于：构成细胞的组成，如嘌呤、嘧啶构成核酸；调节代谢，维持生命的正常活动，如许多维生素是各种酶的辅基成分，没有这些物质，酶就失去活力，无法进行新陈代谢。

对微生物来讲，并不是所有的微生物都需要生长因子。自养微生物能自行合成，不需要外界补充。异养微生物可分三种类型：一种不需要；一种需要，如产谷氨酸的短杆菌，需要添加生物素才能使菌体生长良好；还有一种不但不需要，反而在细胞内能积累维生素，如肠道微生物就能在肠道内分泌大量 B 族维生素，供机体吸收。

5. 水分

水分是微生物细胞中的主要成分，一般含 70% ~ 90%，所以微生物不能脱离水而生存。在代谢过程中，水起着重要的作用。它不仅参与反应，而且能溶解参加代谢的物质，提供反应场所，使代谢反应得以顺利进行。微生物所需要的营养物质，也只有溶解于水后，才能被微生物很好地吸收。此外，水具有传热快、比热高、热容量大等特点，有利于调节细胞温度，保持细胞生活环境温度的恒定。

理论知识复习

一、判断题

1. 在标准未特殊注明的情况下，分析操作过程中所加的水可用三级水。（　　）

2. 一般溶液配制时，固体试剂可用托盘天平称量。（　　）

3. 一般溶液配制时，液体试剂可用带刻度的烧杯量取。（　　）

4. 在加水离刻线还有 1 ~ 2 cm 时，用胶头滴管吸水注到容量瓶里，视线与液面最低处齐平，使其到达刻度线，该操作称为定容。（　　）

5. 在液体培养基中加入一定量的凝固剂就制成了固体培养基。（　　）

6. 细菌检验的培养基中加入胆盐可抑制革兰氏阳性菌的生长，有利于革兰氏阴性菌的生长。（　　）

7. 检验方法中所使用的水，未注明其他要求时，均指蒸馏水或去离子水。（　　）

8. 任何一种培养基都必须含有碳源、氮源、水、无机盐和生长因子。（　　）

9. 培养基中加入一定量 NaCl 的作用是降低渗透压。（　　）

10. 已灭菌的培养基可以直接使用。（　　）

11. 高压蒸汽灭菌锅适用于所有培养基和物品的灭菌。（　　）

二、单项选择题

1. 化学试剂的贮存应避免（　　）。

A. 阳光直射　　B. 通风　　C. 高温　　D. A 和 C 都正确

2. 见光易分解的溶液应贮存在（　　）中。

A. 硬质玻璃瓶　　B. 棕色瓶　　C. 聚乙烯瓶　　D. 广口试剂瓶

3. 实验室用三级水的电导率指标为（　　）mS/m。

A. ⩾0.50　　B. ⩽0.20　　C. ⩽0.50　　D. ⩽0.10

4. 以下容器中，配制一般溶液时不需要的是（　　）。

A. 容量瓶　　B. 吸量管　　C. 比色管　　D. 烧杯

5. 配制体积分数 75% 的乙醇 1 L，需要无水乙醇（　　）mL。

A. 500　　B. 750　　C. 700　　D. 800

6. 欲配制比例浓度为（1+3）的盐酸溶液 1 L，正确的操作为（　　）。

A. 量取 250 mL 盐酸，加水 750 mL，混匀

B. 量取 200 mL 盐酸，加水 800 mL，混匀

C. 量取 100 mL 盐酸，加水 300 mL，混匀

D. 量取 300 mL 盐酸，加水 700 mL，混匀

7. 氢氧化钠标准溶液的标定用（　　）作为基准物质。

A. 邻苯二甲酸氢钾　　B. 无水碳酸钠

C. 氯化钠　　D. 草酸钠

8. 琼脂本身并无营养价值，是应用最广的凝固剂。但多次反复熔化，其凝固性会（　　）。

A. 增加　　B. 不变　　C. 降低　　D. 消失

9. 配制 1 000 mL 的固体培养基需加琼脂（　　）g。

A. 0.2　　B. 2 ~ 7　　C. 15 ~ 20　　D. 50

10. 培养基配置先加热溶解，再进行分装，液体分装高度以试管高度的（　　）为宜。

A. 1/2　　B. 1/3　　C. 1/4　　D. 1/5

三、简答题

1. 简述溶液的定义及分类。

2. 简述高压蒸汽灭菌锅的使用。

第三章 样品采集、制备与前处理

食品种类繁多，且组成不均匀，故所含成分的分布也不一致。因此，必须采用正确的方法抽样，以确保检验的样品具有代表性；选用适当的方法制样，以确保样品的均匀性。制备样品后，在测定前对样品进行的预处理，称为样品前处理。正确的样品前处理是保证测定结果准确的重要环节，对于微量、痕量组分的测定尤为重要。样品的采集、制备与前处理是检验工作的重要部分。

项目一　样品的采集与制备

场景介绍

周一早晨，食品检验员张三领取了今天的样品采集计划单，今天的工作任务是午餐肉样品的采集和制备。

午餐肉样品采集计划单

样品名称：午餐肉	请检部门：午餐肉成品仓库
批号：20190310	请验者：赵五
规格：200 g/罐，10 罐/箱	请验日期：2019 年 3 月 18 日
数量：200 g/罐 ×10 罐/箱 ×10 箱 =20 kg	检验工作：检测样品的采集和制备
检验依据：GB/T 27404《实验室质量控制规范　食品理化检测》附录 E	

技能列表

序号	技能点	重要性
1	正确查询样品采集、制备的标准，并归纳样品采集、制备的步骤	★★★★
2	梳理样品采集和制备中所需的设备和材料，并完成准备工作	★★★
3	按照国家检测标准完成样品采集	★★★★
4	按照国家检测标准完成样品制备	★★★★★
5	准确填写检测样品采集和制备记录	★★★

知识列表

序号	知识点	重要性
1	样品的定义和种类	★★★
2	样品采集的定义、特点和原则	★★★
3	样品采集的工器具、步骤、数量和方法	★★★★
4	样品运输条件和保存方法	★★★
5	样品制备的目的和方法	★★★★

知识准备

3.1.1 样品的采集

1. 样品的定义和种类

（1）定义。样品是指从整批样品中取出的少量物料，其组成能代表全部物料的成分。

（2）种类

1）采集样品按取样过程可分为检验样品、原始样品和平均样品。检验样品是指由整批待测食品中的各个部分采取的少量样品，原始样品是指把许多份检验样品综合在一起的样品，平均样品是指原始样品按照规定方法处理再抽取其中一部分作为检验用的样品。

2）采集样品按种类可分为大样、中样、小样。大样是指一整批样品；中样是指从样品各部分取得的混合样品，以 200 g（mL）为准；小样是指检测用的样品，又称检样，以 25 g（mL）为准。

2. 样品采集的定义、特点和意义

（1）定义。样品采集即抽样、采样，就是从大量的分析对象中抽取一定量具有代表性的样品，供分析检验用。

（2）特点

1）科学性。抽样检验以数理统计理论为基础，只有严格按照抽样调查理论进行才具有科学性。

2）经济性。抽样检验可在保证结果准确性的前提下，使实施检验的样本量最少，只占检测食品很少一部分。

3）随机性。随机性是指抽样时使总体中每一个体独立和等概率地被抽取，是抽样检验最基本和一定要保证的特性。

4）风险性。因随机性，抽样检验具有一定的风险。但该种风险是可预见、可控制、可避免的。

（3）正确采样的意义。若采集的试样不具有代表性，则检验人员的实验操作过程、做出的食品检验结果都将毫无意义，甚至可能得出的结论将造成巨大的经济损失。因此，正确采样是食品检验工作成败的关键之一。

3. 样品采集的原则

样品的采集应遵循代表性、典型性、及时性、程序性、真实性、完整性和准确性，详见表 3–1–1。

表 3–1–1　　样品采集的原则

原则	说明
代表性	采集样品应充分代表检测的总体情况，减少人为误差，要求随机抽样，正确分布采样点
典型性	主要对特殊样品而言，如污染或怀疑污染的食品（可疑样品）、有毒或怀疑有毒的食品（某投毒事件）、掺假或怀疑掺假的食品等
及时性	及时到现场采样，并及时将样品送回实验室分析，如时间过长，样品易发生腐败变质或发生其他改变而失去代表性
程序性	采样、送检、留样和出具报告均应按规定程序进行，都要有完整的手续，分清职责
真实性	确保采集的样品信息可追溯，保证样品能够真实反映样品批次的质量
完整性	采样及制备样品的过程中，确保样品的数量、性状完整
准确性	严格按照方案要求采样，不得随意更改样品种类、性状，或减少频次、数量的要求

练一练

以下案例违反了样品采集的哪些原则？

1. 某采样人员到某食品厂采集食品样品，厂家经过多次接触，发现该采样人员有每次都从某个固定位置采样的习惯，于是在该位置放上质量过硬的产品，样品检验结果合格。该批次产品上市后因质量不合格在异地被查获，追究相关人员责任。

2. 采集的蔬菜未能及时送到检验室，检验室未能及时对样品进行前处理，导致蔬菜农残检验结果不准确。

3. 某采样人员采集食品样品，检测项目含有金属铅、镉、汞、砷等指标，该人员使用金属容器盛放样品，导致检验结果数值异常。

知识链接

微生物检验样品采集的原则

微生物检验样品除遵循样品采集的原则之外，还需遵循以下原则。

1. 符合无菌操作的要求

采样的器械和容器等用品必须经过严格灭菌，不得沾染任何化学药品，采样过程应严格遵守无菌操作的要求。要准备好足够数量的采样用具，一件用具只能用于一个样品的采集，防止交叉污染。

2. 保证样品中微生物的状态不发生变化

所采集的非冷冻状态的食品检验样品应预冷藏，最适温度为0～5 ℃，不宜冷藏的食品应立即检验。冷冻状态的食品检验样品必须保持其冻结状态。样品采集后应尽快检验，一般应在4～8 h内进行，以防止样品中的微生物状态发生改变。

4. 采样工具和盛样容器

（1）采样工具

1）常用工具。常用工具包括钳子、小刀、剪刀、旋具、镊子、罐头及瓶盖开启器、蜡笔、胶布、记录本、照相机等。

2）专用工具。长柄勺适用于散装液体样品采集，玻璃或金属采样器适用于深型桶装液体食品采样，金属探管和金属探子适用于袋装的颗粒或粉末状食品采样，采样铲适用于散装粮食或袋装的较大颗粒食品采样，长柄匙或半圆形金属管适用于较小包装的半固体样品采集，电钻、小斧、凿子等可用于已冻结的样品采集，搅拌器适用于桶装液体样品的搅拌。

（2）盛样容器

1）盛放样品的容器应密封，内壁清洁、干燥、光滑，不应含有待测物质及干扰物质，容器及其盖、塞应不影响样品的气味、风味、pH值、成分等。

2）盛装液体或半液体样品应用防水防油材料制成的带塞玻璃瓶、广口瓶、塑料瓶等，不宜用橡胶塞；盛装固体或半固体样品可用广口玻璃瓶、不锈钢或铝制盒或盅、搪瓷盅、塑料袋等；酸性食品不宜用金属容器；测农药残留的样品不宜用塑料容器。

3）采集粮食等大宗食品时，应准备四方搪瓷盘供现场分样用；在现场检查面粉时，可用金属筛筛选，检查有无昆虫或其他杂质等。

4）盛样容器的标签上必须标明样品名称和样品顺序号，以及其他需要说明的情况。标签应牢固，具有防水性，字迹不会被擦掉或脱色。

5. 样品采集的实施

（1）样品采集的步骤。样品采集一般按照确定待测物→原始样的采集（获得检验样品）→原始样的混合（获得原始样品）→缩分原始样品至需要的量（获得平均样品），如图 3-1-1 所示，最后填写采样记录。

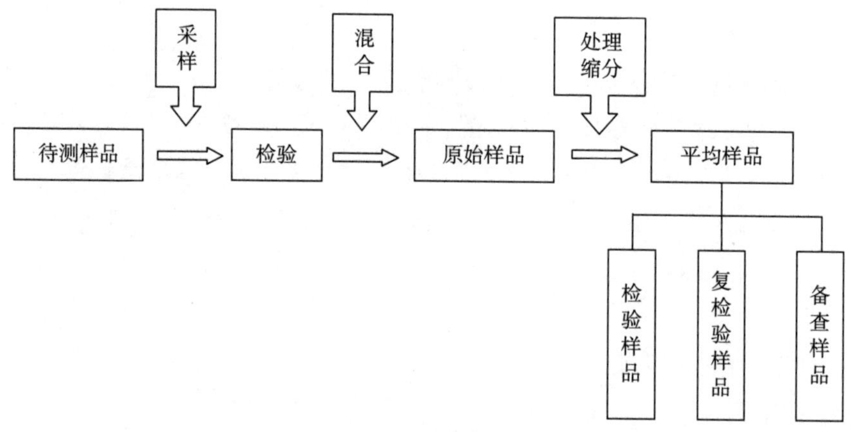

图 3-1-1 样品的采集

（2）采样的方法与数量。抽样后按要求对样品进行采集。采样一般皆取可食部分，不同食品应使用不同的采样方法，采样数量依据样品的检测项目而定，详见表 3-1-2。

表 3-1-2 采样的方法与数量

样品类型		采样方法	采样数量
液体样品	大型桶装、罐装的样品（如大型发酵罐内的样品）	易混匀样品：以一缸、一桶为一个采样单位，搅拌均匀后采集一份样品	混合均匀后取 0.5 ~ 1 L
		难混匀样品：虹吸法分别在上、中、下三层，四角和中央的不同部位取样，混合后采样	混合均匀后取 0.5 ~ 1 L
	液体、半流体饮用食品	按固形物含量的比例取样	0.5 ~ 1 L，分别盛放在 3 个干净的容器中
	流动液体	定时定量从输出的管口取样，混合后再采样	混合均匀后取 0.5 ~ 1 L
	罐装或瓶装	根据批号随机采样	容量≥230 g，至少抽取 6 瓶；容量 <230 g，至少抽取 10 瓶

续表

样品类型		采样方法	采样数量
固体样品	散装	按每批食品的上、中、下三层或等距离多层的不同部位分别用双套回转取样器采样；混合后按四分法对角取样，再进行多次混合，最后取有代表性的样品	一般为 0.5 ~ 1 kg
	完整包装	$S=\sqrt{\frac{N}{2}}$ S——采样点数 N——检测对象的数目（袋、件、桶等）	每天每个品种取样数不得少于 3 袋（件、桶等）
不均匀食品	肉类	一般按动物结构、各部位具体情况合理采集 畜类：从颈背肌肉、大排、中方、前腿和后腿五部分采集 禽类：从颈部、腿和胸部三部分采集	可食部分不少于 1 kg
	水产	除去外壳，取可食部分	可食部分不少于 1 kg
	蛋类	按一定个数取样，或根据检验目的将蛋黄、蛋清分开取样	不少于 1 kg
	果蔬	采用等分取样法	不少于 1 kg，体积较大者至少采集 2 个

（3）采样的记录。应对采集的样品进行及时、准确的记录，采样人应清晰填写采样单，包括采样人、采样地点、时间、样品名称、来源、批号、数量、保存条件等信息，条件允许可以进行录音和录像。同时还应填写送检单，内容包括样品名称、生产商、生产日期 / 批号、检验项目、采样日期、采样人员、采样地点（成品仓库、原料仓库等）、运输条件等。有些样品应简要说明现场及包装情况，采样时做过何种处理等。

（4）采样的注意事项

1）采样工具应符合采样要求，不应将任何有害物质和影响检验结果的物质带入样品中。

2）盛样容器可根据采样要求选用硬质玻璃或聚乙烯制品，容器上要贴上标签，并做好标记。

3）采样前注意检验样品的生产日期、批号、现场卫生状况、包装和包装容器状况，避免样品受到污染。

4）采样后及时将样品送检验室进行分析，尽量避免样品在检验前发生变化（如被污染、变质、成分逸散、水分及酶变化等），使其保持原来的理化状态，并关注运输过程的温度影响。

5）采样方法尽量简单，采样记录尽量翔实。

知识链接

微生物检验样品的采样方法

微生物检验常用的采样方法有国际食品微生物规格委员会（ICMSF）取样方案、美国食品和药物管理局（FDA）取样方案、世界粮农组织（FAO）取样方案、我国的食品取样方案等。

ICMSF依据统计学原理制定了科学、实际、合理的采样方法，各类食品微生物检验项目的采样方法见表3-1-3。

表3-1-3　各类食品微生物采样方法

样品类别		采样方法
液体样品		充分混匀后，无菌操作打开包装，用100 mL无菌注射器抽取，注入无菌盛样容器
半固体样品		无菌操作打开包装，用无菌勺子从几个部位挖取样品，放入无菌盛样容器
固体样品	大块整体	用无菌刀具和镊子从不同的部位割取，放入无菌盛样容器
	小块大包装	从不同部位的小块上切取样品，放入无菌盛样容器
冷冻样品	大包装小块	按小块个体采取样品，放入无菌盛样容器
	大块冷冻	用无菌刀从不同部位削取或用无菌手锯从冻块上锯取样品，放入无菌盛样容器
生产工序监测	车间用水	从车间各龙头采样，放入无菌盛样容器
	车间台面、用具、及加工售货员手	用板孔5 cm^2的无菌采样板和5支无菌棉签擦拭25 cm^2面积，擦拭后立即用无菌剪刀将棉签头剪入无菌盛样容器中
	车间空气	将5个直径90 mm的普通琼脂平板分别置于车间的四角和中部，打开平皿盖5 min，然后盖上平皿盖送检

注：若为检验食品的污染情况，可取表层样品；若为检验食品的品质情况，应从深部取样。

6. 样品的保存与运输

（1）样品保存与运输的条件。采样后，应将样品在接近原有贮存温度条件下，尽快送往实验室检验。运输时，要防止样品漏、散、损坏、挥发、潮解、氧化分解、污染变质等，应保持样品完整性。若不能及时运送，应在接近原有贮存条件下贮存。若路途遥远，应采取措施尽可能保证样品中原有的微生物状态不发生改变。

（2）样品保存的方法（见表 3-1-4）

表 3-1-4　样品保存的方法

食品类型	保存方法
易腐和冷藏样品	置于 0～4 ℃环境中（如冰壶）
冷冻样品	样品应始终处于冷冻状态。可放入 -18 ℃以下的冰箱内，也可短时保存在泡沫塑料隔热箱内（箱内有干冰可维持在 0 ℃以下）。如有融化，不可使其再冻，保持冷藏及时检验
固体和半固体样品	注意不要使样品过度潮湿，以防食品中原有的细菌繁殖
其他食品	放在常温避光处

3.1.2　样品的制备

1. 样品制备的定义和要求

样品制备是指对所采集的样品进行分取、粉碎、混匀。由于用一般方法取得的样品数量较多、颗粒过大且样品组成不均匀，因此必须对采集的样品加以适当的制备，以保证其能代表全部样品的情况并满足分析对样品的要求。样品制备依据 GB/T 27404《实验室质量控制规范　食品理化检测》中 E.2 实验室样品的制备执行。

2. 样品制备的目的

样品制备的目的是为了保证样品的均匀性，使其能代表全部样品的成分，样品制备后得到平均样品。

3. 样品的缩分

由于采集的样品相对数量较大，而用于实际分析的样品数量又较少，因此需要对样品进行缩分，以达到分析方法的要求。检验室样品混合后常用圆锥四分法缩分，分成三份，一份测试用，一份需要时复查或确证用，一份留样备用。

圆锥四分法的操作步骤：先将原始样品混匀后堆集在清洁的缩分容器上，成圆锥形，然后从圆锥的顶部向下压，压平成 3 cm 以内的厚度，然后划成对角线或“十”字线，将样品均匀地划分成四部分，取对角的两份混匀，依此操作直至缩分至样品需要量，如图 3-1-2 所示。

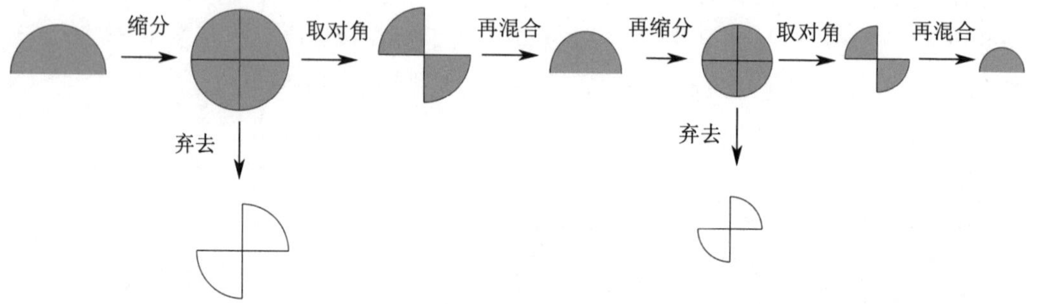

图 3-1-2　圆锥四分法步骤

小贴士

对于苹果、梨等果实类形状近似对称的样品，应收集对角部位进行缩分。

对于细长、扁平或组分含量在各部位有差异的样品，应间隔一定的距离取多份小块进行缩分。

对于谷类和豆类等粒状、粉状或类似的样品，应使用圆锥四分法进行缩分。

4. 样品制备的实施（见表 3-1-5）

表 3-1-5　　样品制备的实施

样品类别	制样和留样	盛装容器	保存条件
粮谷、豆、烟叶、脱水蔬菜等干货类	用四分法缩分至约 300 g，再用四分法分成两份，一份留样（>100 g），另一份用捣碎机捣碎混匀供分析用（>50 g）	食品塑料袋、玻璃广口瓶	常温、通风良好
水果、蔬菜、蘑菇类	去皮、核、蒂、梗、籽、芯等，取可食部分，沿纵轴剖开成两半，截成四等份，每份取出部分样品，混匀，用四分法分成两份，一份留样（>100 g），另一份用捣碎机捣碎混匀供分析用（>50 g）	食品塑料袋、玻璃广口瓶	−18 ℃以下的冰柜或冰箱冷冻室
坚果类	去壳，取出果肉，混匀，用四分法分成两份，一份留样（>100 g），另一份用捣碎机捣碎混匀供分析用（>50 g）	食品塑料袋、玻璃广口瓶	常温、通风良好、避光

续表

样品类别	制样和留样	盛装容器	保存条件
饼干、糕点类	硬糕点用研钵粉碎，中等硬糕点用刀具、剪刀切细，软糕点按其形状进行分割，混匀，用四分法分成两份，一份留样（>100 g），另一份用捣碎机捣碎混匀供分析用（>50 g）	食品塑料袋、玻璃广口瓶	常温、通风良好、避光
块冻虾仁类	将块样划成四等份，在每一份的中央部位钻孔取样，取出的样品用四分法分成两份，一份留样（>100 g），另一份室温解冻后弃去解冻水，用捣碎机捣碎混匀供分析用（>50 g）	食品塑料袋	−18 ℃以下的冰柜或冰箱冷冻室
单冻虾、小龙虾	室温解冻，弃去头尾和解冻水，取可食部分，用四分法缩分至约 300 g，再用四分法分成两份，一份留样（>100 g），另一份用捣碎机捣碎混匀供分析用（>50 g）	食品塑料袋	−18 ℃以下的冰柜或冰箱冷冻室
蛋类	以全蛋作为分析对象时，磕碎蛋，除去蛋壳，充分搅拌；蛋白蛋黄分别分析时，按烹调方法将其分开，分别搅匀。称取分析试样后，其余部分留样	玻璃广口瓶、塑料瓶	5 ℃以下的冰箱冷藏室
甲壳类	室温解冻，去壳和解冻水，四分法分成两份，一份留样（>100 g），另一份用捣碎机捣碎混匀供分析用（>50 g）	食品塑料袋	−18 ℃以下的冰柜或冰箱冷冻室
鱼类	室温解冻，取出 1～3 条留样，另取鱼样的可食部分用捣碎机捣碎混匀供分析用（>50 g）	食品塑料袋	−18 ℃以下的冰柜或冰箱冷冻室
蜂王浆	室温解冻至融化，用玻璃棒充分搅匀，称取分析试样后，其余部分留样（>50 g）	塑料瓶	−18 ℃以下的冰柜或冰箱冷冻室
禽肉类	室温解冻，在每一块样品上取出可食部分，用四分法分成两份，一份留样（>100 g），另一份切细后用捣碎机捣碎混匀供分析用（>50 g）	食品塑料袋	−18 ℃以下的冰柜或冰箱冷冻室
肠衣类	去掉附盐，沥净盐卤，将整条肠衣对切，一半部分留样（>100 g），另一半部分的肠衣中逐一剪取试样并剪碎混匀供分析用（>50 g）	食品塑料袋	−18 ℃以下的冰柜或冰箱冷冻室
蜂蜜、油脂、乳类	未结晶、结块样品直接在容器内搅拌均匀，称取分析试样后，其余部分留样（>100 g）；对有结晶析出或已结块的样品，盖紧瓶盖后，置于不超过 60 ℃的水浴中温热，样品全部融化后搅匀，迅速盖紧瓶盖冷却至室温，称取分析试样后，其余部分留样（>100 g）	玻璃广口瓶、原盛装瓶	蜂蜜常温，油脂、乳类 5 ℃以下的冰箱冷藏室

续表

样品类别	制样和留样	盛装容器	保存条件
酱油、醋、酒、饮料类	充分摇匀，称取分析试样后，其余部分留样（>100 g）	玻璃瓶、原盛装瓶，酱油、醋不宜用塑料或金属容器	常温
罐头食品类	取固形物或可食部分，酱类取全部，用捣碎机捣碎混匀供分析用（>50 g），其余部分留样（>100 g）	玻璃广口瓶、原盛装罐头	5 ℃以下的冰箱冷藏室
保健品	用四分法缩分至约 300 g，再用四分法分成两份，一份留样（>100 g），另一份用捣碎机捣碎混匀供分析用（>50 g）	食品塑料袋、玻璃广口瓶	常温、通风良好

知识链接

样品的快速制备

样品的制备还可以参考以下特殊情况简便快速操作：对于个体小的物品（如苹果、坚果、虾等），去掉蒂、皮、核、头、尾、壳等，取出可食部分；对于个体大的基本均匀物品（如西瓜、干酪等），可在对称轴或对称面上分割或切成小块；对于不均匀的个体样（如鱼、菜等），可在不同部位切取小片或截取小段等。

任务实施

任务一　午餐肉样品采集与制备的准备

操作步骤

步骤 1　检测标准查阅

检测标准查阅有多种途径，本教材以食品伙伴网为例，阐述查阅方法。

1. 输入网址 http：//www.foodmate.net/，页面如图 3-1-3 所示。

图 3-1-3 “食品伙伴网”页面

2. 单击页面导航“标准”→“食品标准”，进入“食品标准”页面，如图 3-1-4 所示。

图 3-1-4 进入“食品标准”页面

3. 在搜索导航栏输入“食品理化检测”，弹出页面，如图 3-1-5 所示。

关键词：食品理化检测
◉ 标题 ○ 简介 ◉不含企标 ○含企标
标准状态：所有　　发布日期：　至
所属分类：不限分类　　实施日期：　至
立即搜索　重新搜索

标准名称	发布日期	实施日期	收藏
现行有效 GB/T 27404-2008 实验室质量控制规范 食品理化检测	2008-05-04	2008-10-01	+ 收藏

图 3-1-5 输入标准名称

4. 查阅现行有效标准 GB/T 27404《实验室质量控制规范　食品理化检测》。

步骤 2　样品采集步骤梳理

在成品仓库随机取样 6 罐→开罐混合样品→四分法缩分→制成 3 份样品，每份 100 g（1 份测试用，1 份复测用，1 份留样备用）。

步骤 3　仪器设备及试剂准备

名称	规格与要求	数量
开罐器	—	1 个
搅拌机	—	1 台
砧板	—	1 块
切菜刀	—	1 把
调羹	不锈钢	1 个
样品瓶	玻璃具塞（500 mL）	3 个

任务二　午餐肉样品的采集与制备

操作步骤

步骤 1　午餐肉检验样品的采集

在成品仓库中随机取样 6 罐（每批样品抽样≥5 件）。

步骤 2　午餐肉检验样品的制备

午餐肉罐头开罐后，将午餐肉从罐中取出（约 1 200 g），在砧板上先用刀切碎，用搅拌机分批均匀粉碎后混合，样品缩分（约 300 g）后，根据样品的唯一编号装入玻璃瓶（100 g/ 瓶）备用，按要求放进冷柜；备样器皿、工具每制备使用一次，要清洗、擦干；盛装样品的容器应密封、内壁光滑、清洁、干燥，不应含有待测物质及干扰物质。

步骤 3　采样单 / 制备单的填写

样品名称	午餐肉	样品编号	190318-1
样品批号	20190310	采样日期	2019-03-18
温度 / 湿度	10 ℃/45%	检验方法依据	GB/T 13213
采样人	张三	备注	/

续表

理化检测用样品制备				
去皮 / 去骨 / 去壳	取可食部分 / 取指定部位	粉碎均匀	摇匀后装瓶	贮存条件
/	开罐取整罐样品	√	√	0 ~ 4 ℃
设备名称	搅拌机	制样人员 / 日期	张三 / 2019-03-18	

拓展内容

一、样品的处置

1. 处置的原则

（1）应制定样品管理的规范程序并形成文件。

（2）应设立样品管理的岗位，负责样品的采集、接收、登记、传递、保留、处置等工作。

（3）在整个样品的传递和处理过程中，应保证样品特性的原始性。

（4）样品管理应建立台账，记录相关信息；及时处理超过保存期的样品，做好处置记录。

2. 样品的接收

（1）收样人应认真检查样品的包装和性状。

（2）样品接收时充分考虑检测方法对样品的技术要求，对样品的数量、质量、形态都要有明确规定。

3. 样品的标识

（1）样品应登记编号，标注唯一性标识，确保样品不被混淆。

（2）样品应有清晰、正确的状态标识，保证不同的检测状态在传递中不被混淆。

4. 样品的保存

应对样品的保存环境条件进行控制和记录。

二、简单随机抽样

1. 定义

简单随机抽样（SPS）也称为单纯随机抽样或纯随机抽样，是指从总体 N 个单位中任意抽取 n 个单位作为样本，是每个可能的样本被抽中的概率相等的一种抽样方式。

2. 特点

每个样本单位被抽中的概率相等，样本的每个单位完全独立，彼此间无一定的关联性和排斥性。

（1）简单随机抽样要求被抽取的样本的总体个数 N 是有限的。

（2）简单随机样本数 n 不大于样本总体的个数 N。

（3）简单随机样本是从总体中逐个抽取的。

（4）简单随机抽样是一种不放回的抽样。

3. 方法

（1）掷骰子或抽签法。简便易行，适于生产现场用。

（2）直接抽取法。从总体中直接随机抽选样本，如从货架商品中随机抽取若干商品进行检验。

（3）随机数表法。利用随机数表作为工具抽选样本。随机数表是将 0～9 的 10 个数字随机排列成表，其特点是无论横行、竖行或隔行读数均无规律。因此，利用此表进行抽样，可保证随机原则的实现，并简化抽样工作。

除此之外，还可以利用计算机、抽奖机等进行简单随机抽样。

理论知识复习

一、判断题

1. 抽样就是从整批产品中抽取一定量具有合理性样品的过程。（　　）

2. 由于抽样具有随机性，抽样检验才具有一定的风险，但这种风险是可以预见、控制和避免的。（　　）

3. 液体样品在采样前，直接用虹吸法分层取样，每层取 300 mL 左右，装入小口瓶中混匀。（　　）

4. 蔬果禽肉样品由被测物的各个部分分别采样，必须对有特征性的各可食部位（如肌肉、脂肪、蔬菜的根等）分别采样后充分打碎混合。（　　）

5. 样品的制备是指对所采取的样品进行分取、粉碎、混匀等过程。（　　）

6. 采集的样品相对数量较大，而用于实际分析的样品数量又较少，因此需要对样品进行分装，以达到分析方法的要求。（　　）

二、单项选择题

1. 检验样品的采集即抽样，就是从整批产品中抽取一定量具有代表性的样品，因此要注意其科学性、(　　)、随机性和风险性。

A. 代表性　　B. 普遍性　　C. 实用性　　D. 经济性

2. 由于采集的样品相对数量较大，而用于实际分析的样品数量又较少，因此需要对样品进行（　　），以达到分析方法的要求。

A. 细分　　B. 缩分　　C. 减量　　D. 分装

3. 盛样容器的标签上必须标明（　　）。

①样品名称

②样品顺序号

③其他需要说明的情况

④样品适宜的贮藏条件（如冷冻或冷藏）

A. ①②③④　　B. ①②③　　C. ①③④　　D. ②③④

4. 甲壳类样品制备要室温解冻，去壳和解冻水，四分法分成两份，一份留样（>100 g），另一份用捣碎机捣碎混匀供分析用（>50 g），用（　　）存放置于 –18 ℃以下的冰柜或冰箱冷冻室。

A. 广口瓶　　B. 玻璃瓶　　C. 棕色塑料瓶　　D. 食品塑料袋

5. 蜂王浆样品室温解冻至融化，用玻璃棒充分搅匀，称取分析试样后，其余部分留样（>50 g），置于塑料瓶中，放入（　　）保存。

A. 干燥房间　　B. 避光处

C. 5 ℃以下的冰箱冷藏室　　D. –18 ℃以下的冰柜或冰箱冷冻室

三、简答题

1. 简述样品的定义和种类。

2. 样品采集的原则有哪些？

3. 样品制备的要求和目的是什么？

4. 简述蔬菜水果和禽畜肉这两类食品的样品制备过程和保存条件。

项目二　样品前处理

场景介绍

根据检测计划单，张三今天的第二项工作任务是样品的蛋白质前处理。

午餐肉的蛋白质前处理计划单

样品名称：午餐肉	请检部门：午餐肉加工车间
批号：20190310	请验者：赵五
规格：200 g/ 罐，10 罐 / 箱	请验日期：2019 年 3 月 18 日
数量：200 g/ 罐 ×10 罐 / 箱 ×10 箱 =20 kg	检验项目：蛋白质前处理
检验依据：GB 5009.5《食品安全国家标准　食品中蛋白质的测定》第一法	

技能列表

序号	技能点	重要性
1	查询样品蛋白质测定的标准，并梳理样品前处理消解的步骤	★★★★
2	梳理样品消解前处理中所需的设备和材料，并完成加催化剂和加酸的步骤	★★★
3	按照国家检测标准完成样品的蛋白质消解前处理	★★★★★
4	填写检测前处理消解过程	★★★

知识列表

序号	知识点	重要性
1	食品蛋白质检测的国家标准	★★★
2	样品前处理的目的和要求	★★★
3	有机质破坏法	★★★
4	微生物检验样品的前处理方法	★★★★

知识准备

3.2.1 样品前处理的目的与要求

食品的成分十分复杂，既含有大分子的有机化合物，也含有各种无机元素。这些组分有的以复杂的结合状态或络合形式存在，有的被其他组分包裹。同时，样品中存在许多对测定有干扰的组分。因此必须使用合适的方法将被测组分提取出来，并采取适当的净化方法，消除干扰组分的影响。

在样品前处理过程中，被测定组分必须完整或尽可能完整地保留，前处理使用的试剂应不对测定产生干扰。

1. 样品前处理的目的

（1）使被测组分从复杂的样品中分离出来，制成便于测定的溶液形式。

（2）除去对分析测定有干扰的基体物质。

（3）若被测组分的浓度较低，还需进行浓缩富集。

（4）若被测组分用选定的分析方法难以检测，还需通过样品衍生化处理使其定量地转化成另一种易于检测的化合物。

2. 样品前处理的要求

（1）样品是否要前处理，如何进行前处理，采取何种方法，应根据样品的性状、检验的要求、所用分析仪器的性能等方面综合考虑。

（2）应尽量不用或少使用前处理，以便减少操作步骤，加快分析速度，也可减少前处理过程中带来的不利影响，如引入污染、损失待测物等。

（3）分解法处理样品时，分解必须完全，不能造成被测组分的损失，待测组分的回收率应足够高。

（4）样品不能被污染，不能引入待测组分和干扰测定的物质。

（5）试剂的消耗应尽可能少，方法简便易行，速度快，对环境和人员污染少。

3.2.2 有机质破坏法

在样品进行测定前，必须对样品进行有机质破坏，将被测元素释放出来，同时可以消除其他有机质在测定过程中对该元素的干扰。有机质破坏法除应用于检测食品中的微量金属元素外，也可以用于检测食品中的非金属元素，如氯、磷等。

有机质破坏法有湿法消化、干法灰化和微波消解三大类。根据食品基质和被测元素性质的不同，各种方法又可以选择不同的操作条件。选择有机质破坏方法和操作条件的原则是：方法简便，使用试剂越少越好；耗时短，有机物破坏越彻底越好；被测元素不受损失；破坏后的溶液容易处理，不影响后续的测定。

知识链接

食品中的微量元素

食品中存在各种微量元素，这些元素有些是食品中的正常成分，如钾、钠、钙、铁、磷等，有些则是食物在生产、运输、销售过程中，由于受到污染而引入的，如铅、砷、铜等。这些元素与食品中的蛋白质等有机质结合成难溶、难解离的有机金属化合物。

1. 湿法消化

在强酸、强氧化剂并加热的条件下，有机质被分解，其中的碳、氢、氮等元素以 CO_2、H_2O 和氮的氧化物等形式挥发逸出，无机盐和金属离子则留在溶液中。整个消化过程都在液体状态下加热进行，故称为湿法消化。通常使用可调温平板电炉作为消解装置。

湿法消化所用的强氧化剂有浓硫酸、浓硝酸、高氯酸等。实际工作中，一般采用多种氧化剂联合消化的方法。

2. 干法灰化

将样品放置在坩埚中，先小心炭化，然后经 300 ~ 600 ℃灼烧灰化后，水分及挥发物质以气态逸出，有机物中的碳、氢、氮等元素与有机物本身所含的氧及空气中的氧气生成 CO_2、H_2O 和氮的氧化物而逸散，最后只剩下无机物（无机灰分）。常见的灼烧装置是高温炉，又称高温马弗炉，如图 3–2–1 所示。

3. 微波消解

微波消解的基本原理与湿法消化相同，区别在于微波消解是将样品置于密封的聚四氟乙烯消解管中，用微波进行加热，完成有机质分解的工作。微波消解仪如图 3–2–2 所示。

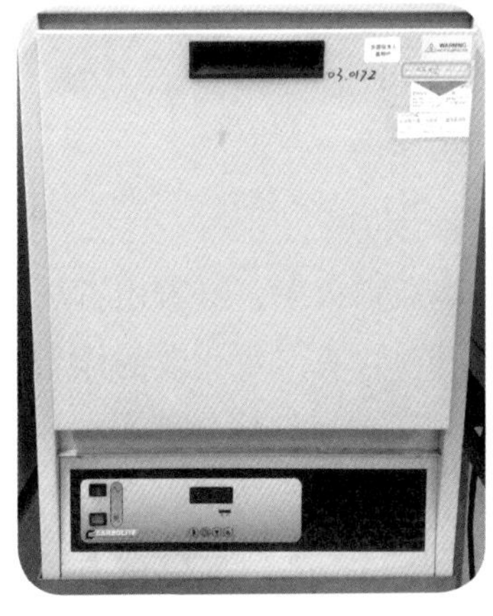

图 3-2-1　高温炉

图 3-2-2　微波消解仪

4. 有机质破坏法的比较

湿法消化、干法灰化和微波消解三种有机质破坏法的比较，见表 3-2-1。

表 3-2-1　　有机质破坏法的比较

方法	优点	缺点
湿法消化	1. 使用强氧化剂，有机物分解速度快，消化所需时间短 2. 加热温度较干法灰化低，故可减少金属挥发逸散的损失，同时容器的吸留也少 3. 被测物质以离子状态保存在消化液中，便于分别测定其中的各种微量元素	1. 在消化过程中，有机物快速氧化常产生大量有害气体，因此操作需在通风橱内进行 2. 消化初期，易产生大量泡沫外溢，故需操作人员随时照管 3. 消化过程中大量使用各种氧化剂等试剂，试剂用量较大，空白值偏高
干法灰化	1. 基本不添加或添加极少量的试剂，空白值较低 2. 有机物破坏彻底，适用于大批量样品的分析测定 3. 操作简单，灰化过程中不需要人一直看管	1. 处理样品所需要的时间较长 2. 由于敞口灰化，温度又高，容易造成某些挥发性元素的损失 3. 盛装样品的坩埚对被测组分有一定的吸留作用，致使测定结果和回收率偏低
微波消解	1. 快速高效，3 ~ 5 min 可将样品彻底分解 2. 试剂用量少，挥发性元素不损失，空白值低	微波消解时样品处于封闭状态，一旦剧烈反应，易产生爆炸，故不太适宜处理高挥发性的物质，必要时需进行加热预消解

3.2.3 微生物检验样品的前处理

1. 液体样品的前处理

（1）瓶装液体样品的前处理。用点燃的酒精棉球灼烧瓶口灭菌，接着用石炭酸溶液或来苏水消毒后的纱布盖好，再用灭菌开瓶器将盖启开；含有二氧化碳的样品可倒入 500 mL 磨口瓶内，瓶口勿盖紧，覆盖灭菌纱布，轻轻摇荡，待气体全部逸出后，取样 25 mL 检验。

（2）盒装或软塑料包装样品的前处理。将其开口处用 75% 酒精棉擦拭消毒，用灭菌剪子剪开包装，将灭菌纱布或浸有消毒液的纱布覆盖在剪开部分，直接吸取样品 25 mL 检验，或倒入另一灭菌容器中再取样 25 mL 检验。

2. 固体样品的前处理

（1）捣碎均质法。将检验样品（≥100 g）剪碎或搅拌混匀，从中取 25 g 检验样品放入盛放有 225 mL 稀释液的无菌均质杯中，8 000 ~ 10 000 r/min 均质 1 ~ 2 min。

（2）剪碎振摇法。将检验样品（≥100 g）剪碎或搅拌混匀，从中取 25 g 检验样品进一步剪碎，放入盛放有 225 mL 稀释液和数粒玻璃珠（直径 5 mm 左右）的稀释瓶中，盖紧瓶盖，用力快速振摇 50 次，振幅要大于 40 cm。

（3）研磨法。将检验样品（≥100 g）剪碎或搅拌混匀，从中取 25 g 检验样品放入无菌乳钵中充分研磨后，再放入盛放有 225 mL 无菌稀释液的稀释瓶中，盖紧瓶盖，充分摇匀。

（4）整粒振摇法。直接称取 25 g 整粒样品置于盛放有 225 mL 稀释液和数粒玻璃珠（直径 5 mm 左右）的稀释瓶中，盖紧瓶盖，用力快速振摇 50 次，振幅要大于 40 cm。

3. 冷冻样品的前处理

先将检样在 0 ~ 4 ℃下解冻，时间不能超过 18 h；再在 45 ℃下解冻，时间不能超过 15 min；再取检验样品 25 g 做稀释处理。

任务实施

任务一　午餐肉样品蛋白质测定前处理的准备

操作步骤

步骤 1　检测标准查阅

查阅 GB 5009.5《食品安全国家标准　食品中蛋白质的测定》。

步骤 2　操作步骤梳理

样品称取→试剂加入→控温消解→原始记录填写。

步骤 3　仪器设备及试剂准备

名称	规格与要求	数量
消化管	—	3 个
电子天平	感量 1 mg，贴有计量检定有效标识	1 台
钥匙	—	1 把
记号笔	—	1 支
温控消化炉	—	1 台
硫酸铜	分析纯 2 g	1 份
硫酸钾	分析纯 20 g	1 份
硫酸	分析纯 60 mL	1 份
实验室用水	去离子水 500 mL	1 份
吸量管	10 mL	1 支
洗耳球	—	1 个
防护面具及手套	—	1 套
通风橱	—	1 台
称量纸	油光纸	1 盒

任务二　午餐肉样品蛋白质测定的前处理

操作步骤

步骤 1　样品称取

操作流程	操作内容	操作说明
1. 天平校零	接通电源，开启显示器，按“TAR”键清零。	1. 观察天平，调整水平调节脚，使水泡位于水平仪中心。 2. 预热通电。
2. 样品的称取	称量纸置于秤盘上，按“TAR”键清零，将样品加入称量纸上称取 0.2 ~ 2 g，记录 1#、2# 样品的称样量。	1. 读数时，关上电子天平侧门。 2. 待天平显示屏上的数字稳定后读取称样量。 3. 消化管上标记 1#、2#。

步骤 2　试剂加入

操作流程	操作内容	操作说明
1. 催化剂、强氧化剂的添加	称取 0.4 g 硫酸铜、6 g 硫酸钾于称量纸上，转移入消化管内，使用吸量管准确吸取 20 mL 硫酸入消化管。	在通风橱内操作。
2. 试剂空白	称取 0.4 g 硫酸铜、6 g 硫酸钾于称量纸上，转移入消化管内；使用吸量管准确吸取 20 mL 硫酸入消化管。	空白试验：除不加试样外，采用完全相同的分析步骤、试剂和用量，进行平行操作得到的结果，用于扣除试样中试剂本底。

步骤 3 控温消解

操作流程	操作内容	操作说明
1. 使用温控消化炉消解午餐肉样品，进行蛋白质测定的前处理	样品 1#、2# 和试剂空白的消化管置于温控消化炉中，程序升温至 420 ℃，保持 1 h（依据仪器生产商的说明书要求操作）。	1. 样品在催化剂和强酸中浸泡 20 min 后，开始程序升温加热消解。 2. 样品消解在通风橱内进行。 3. 人员操作时必须配备防护面罩和手套（耐酸），硫酸远离热源放置。 4. 在消化初期，产生大量泡沫，易冲出瓶颈，造成损失，故需操作人员随时照管，操作中还应控制火力，注意防爆。
2. 前处理消解完成	消化液呈绿色透明状，表明样液消解完全。	如样品消化液呈黑色不透明，则冷却后再加入硫酸继续消解，直至样品完全消解。

步骤 4 原始记录填写

1. 选用设备

选用设备名称、编号及状态标识	选用试剂

2. 原始记录表——蛋白质前处理

样品名称	午餐肉	检测项目	
样品编号		检验方法依据	
温度 / 湿度		检测地点	
设备名称		检测日期	

消化管中准确称取样品 1# ________ g、2# ________ g 试样，加入催化剂硫酸铜________ g 和硫酸钾________ g、硫酸________ mL，混合浸泡后，温控炉上加热消解，样液消解至完全的试验现象为____________________。

备注		检验人	

拓展内容

一、金属元素检测的湿法消解

1. 检测标准查阅

查阅 GB 5009.12《食品安全国家标准　食品中铅的测定》。

2. 操作步骤梳理

样品称取→试剂加入→湿法消解→原始记录填写。

3. 仪器设备及试剂准备

名称	规格与要求	数量
具塞玻璃样品瓶	250 mL	3 个
电子天平	感量 1 mg，贴有计量检定有效标识	1 台
锥形瓶	150 mL	3 个
钥匙	—	1 把
记号笔	—	1 支
温控电炉	—	1 台
硝酸	优级纯 50 mL	1 份
高氯酸	优级纯 10 mL	1 份
实验室用水	去离子水 500 mL	1 份
吸量管	1 mL，10 mL	各 1 支
洗耳球	—	1 个
洗瓶	500 mL	1 个
防护面具及手套	—	1 套
通风橱	—	1 台

4. 样品称取

锥形瓶置于电子天平秤盘上，清零，将午餐肉逐步加入锥形瓶内称取 0.2 ~ 3 g，记录 1#、2# 样品的称样量。

5. 试剂加入

强酸、强氧化剂的添加：使用吸量管准确吸取 10 mL 的硝酸、0.5 mL 高氯酸，加入 1#、2# 锥形瓶内。

试剂空白：使用吸量管准确吸取 10 mL 的硝酸、0.5 mL 高氯酸，加入 0# 锥形瓶内。

6. 湿法消解

操作流程	操作内容	操作说明
使用温控电炉消解样品 1#、2# 和试剂空白	样品 1#、2# 和试剂空白在温控电炉上加热，控制温度、时间。 120 ℃，0.5 ~ 1 h。 升温至 180 ℃，2 ~ 4 h。 升温至 200 ~ 220 ℃。	1. 样品在混合酸中浸泡 2 h 后，可进行样品加热处理。 2. 样品消解在通风橱内进行。 3. 人员操作时必须配备防护面罩和手套（耐酸），硝酸和高氯酸远离热源放置。 4. 在消化初期，产生大量泡沫，易冲出瓶颈，造成损失，故需操作人员随时照管，操作中还应控制火力，注意防爆。
湿法消解完成	消化液呈澄清、无色透明或略带黄色，仅剩 1 ~ 2 mL，表明样液消解完全。	如样品消化液呈棕褐色，则需冷却样液，等到常温后再加入少量硝酸，加热至 200 ℃继续消解至冒白烟。

7. 原始记录填写

参考“任务二：步骤 4　原始记录填写”。

二、样品前处理方法——溶解法

溶解法是采用适当的溶剂将样品中的待测组分溶解的处理方法，主要有以下几种。

1. 水溶法

用水作为溶剂，适用于水溶性成分，如无机盐、水溶性色素等。

2. 酸性水溶液浸出法

溶剂为酸性水溶液，适用于在酸性水溶液中溶解度增大且稳定的成分。

3. 碱性水溶液浸出法

溶剂为碱性水溶液，适用于在碱性水溶液中溶解度增大且稳定的成分。

4. 有机溶剂浸出法

该法适用于易溶于有机溶剂的待测成分，常用的有机溶剂有乙醚、石油醚、氯仿、丙酮、正己烷等，可根据“相似相溶”原理选择有机溶剂。

理论知识复习

一、判断题

1. 样品前处理过程中，被测定组分必须完整或尽可能完整保留，前处理使用的试剂应不对测定产生干扰。（　　）

2. 样品前处理常用的有机质破坏法有干法高温处理、液液提取和微波降解三大类。（　　）

3. 干法灰化的优点是有机物破坏彻底，操作简单，使用试剂少，适用于大批量样品的分析测定，所有金属元素都可以测定。（　　）

4. 湿法消化的特点是加热温度较干法灰化低，减少了金属挥发逸散的损失。但湿法消化耗用试剂较多，在做样品消化的同时，必须做空白试验。（　　）

二、单项选择题

1. 样品前处理常用的有机质破坏法有干法灰化、湿法消化和（　　）消解三大类。

A. 电波　B. 微波　C. 高温　D. 氧化

2. 湿法消解样品，在（　　）的条件下，有机质被分解，其中的碳、氢、氮等元素以 CO_2、H_2O 和氮的氧化物等形式挥发逸出，无机盐和金属离子则留在溶液中。

A. 强酸　B. 强氧化剂

C. 加热　D. 以上选项都正确

3.（　　）的优点是有机物破坏彻底，操作简单，使用试剂少，适用于大批量样品的分析测定，但存在一定的缺点，如由于灼烧温度较高，砷、汞、铅等金属容易在高温下挥发损失。

A. 干法灰化　B. 湿法消解　C. 干燥去杂　D. 微波消解

4. 样品前处理常用的有机质破坏法中，（　　）具有使用试剂少、耗时短、温度控制精准的特点。

A. 干法灰化　B. 湿法消解

C. 微波消解　D. 以上选项都正确

三、简答题

1. 食品检验中，样品前处理的要求有哪些?

2. 简述样品前处理有机质破坏法的优缺点。

第四章

食品理化检测

食品理化检测是指借助物理、化学的方法，使用某种测量工具或仪器设备对食品生产加工的原料、半成品和成品的质量指标进行检测测定。其作用有两种：一是控制和管理生产，保证和监督食品的质量；二是为食品新资源、新技术和新工艺的探索提供可靠的依据。因此，食品理化检测是保障食品安全的一项基础性、关键性的工作，是食品全过程质量安全控制工作中的重要一环，在保证人类健康和社会进步方面有着重要意义。

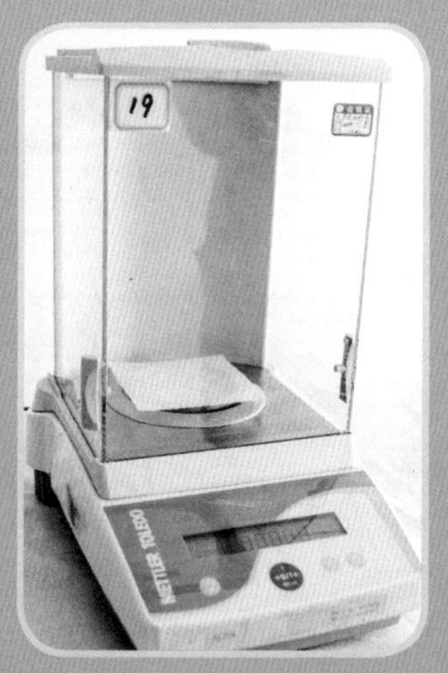

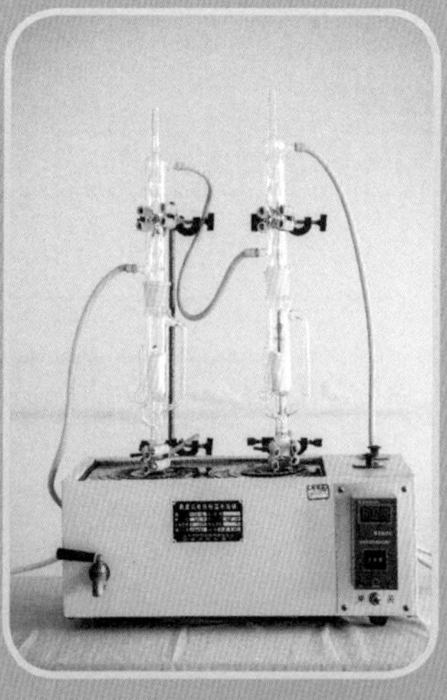

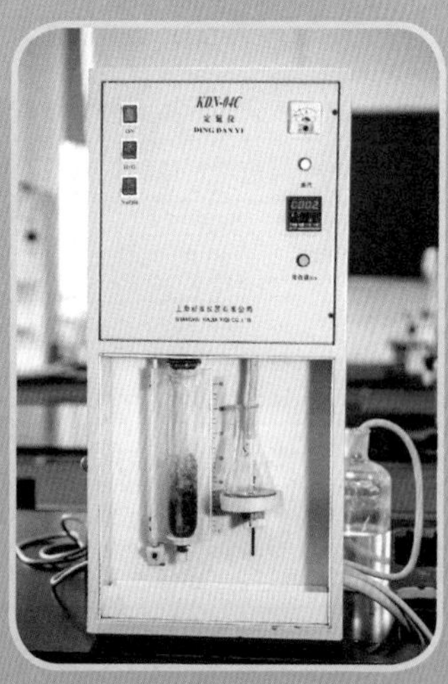

项目一　食品中水分的测定

场景介绍

张三接到乳粉检测计划单，要求按照乳粉的检测标准进行水分测定，规范操作，认真填写原始记录，并完成单项检验结果报告。

乳粉检测计划单

样品名称：乳粉	请检部门：乳粉加工车间
批号：20190604	请验者：赵五
规格：500 g/ 袋，10 袋 / 箱	请验日期：2019 年 6 月 4 日
数量：500 g/ 袋 ×10 袋 / 箱 ×10 箱 =50 kg	检验项目：水分测定
检验依据：GB 5009.3《食品安全国家标准　食品中水分的测定》第一法	

技能列表

序号	技能点	重要性
1	正确查询水分测定检验标准及产品国家标准	★★★★
2	根据水分测定的国家检测标准选用合适的检验设备	★★★
3	按照国家检测标准完成水分的测定	★★★★★
4	按公式计算水分含量和测定的精密度	★★★★
5	规范填写原始记录，并能判定单项检验结果	★★★

知识列表

序号	知识点	重要性
1	食品中水分和恒重的定义，水分存在形式	★★★
2	水分测定的常用方法	★★★
3	水分测定的常用仪器设备	★★★
4	直接干燥法测定水分的检测流程	★★★★
5	水分含量和精密度计算的方法以及结果判定方法	★★★★★

知识准备

4.1.1 食品中水分概述

1. 水分的测定意义

在食品行业中，水分含量是衡量食品产品质量的一项重要指标。控制食品中水分含量，对于食品保持良好的感官性状、维持食品中其他组分的平衡关系及食品保质期等均有重要的作用，如新鲜面包的水分含量若小于 30 g/100 g，则其外观形态干瘪，失去光泽；将乳粉中水分控制在 2.5 ~ 3 g/100 g，可抑制微生物的生长繁殖等。所以测定食品中水分含量，对于企业的质量和成本控制有重要意义。

2. 相关定义

（1）食品中水分。食品中水分一般指在 103 ℃左右直接干燥的情况下，所失去物质的总量。不同种类的食品，水分含量差异大。

（2）食品中总固形物。总固形物指将食品水分排出后的全部残留物，包括蛋白质、脂肪、粗纤维、无氮浸出物、灰分等。对于果汁、番茄酱、糖水、糖浆等食品及其辅料常需测定其总固形物含量。

（3）恒重。恒重是指前后两次称重不超过规定数值，水分测定规定不超过 2 mg。恒重操作是指样品或称量瓶在 101 ~ 105 ℃温度下烘 2 ~ 4 h，放入干燥器冷却 0.5 h 后称重，再烘 1 h，再冷却 0.5 h，再称重，要求前后两次质量差不超过规定数值。

3. 食品中水分存在的形式

在食品中，水以分散介质的形式存在，主要可分为三类，见表 4–1–1。

表 4–1–1　　水分存在的形式

存在形式	定义
游离水	游离水也称自由水，是指存在于动植物细胞外各种毛细血管和腔体中的水
结合水	结合水也称结晶水，是指形成食品胶体状态的水
化合水	物质分子结构中与其他物质化合生成新的化合物的水

4.1.2 水分测定的常用方法

1. 直接测定法

直接测定法是利用水分本身的物理性质和化学性质去掉样品中的水分，再对其进行定量分析的方法，如重量法（又称干燥法）、蒸馏法和卡尔·费休法。干燥法又可分为直接干燥法和减压干燥法，直接干燥法是水分测定最常用的方法。

（1）直接干燥法测定水分的适用范围。直接干燥法适用于不含或含其他挥发性成分极微、对热稳定的食品，如谷物及其制品、水产品、豆制品、乳制品、肉制品、卤菜制品等水分的测定，不适用于水分含量小于 0.5 g/100 g 的食品。

 知识链接

直接干燥法测定水分必须符合的条件

1. 水分是唯一挥发成分。
2. 水分挥发要完全。
3. 食品中其他成分由于受热而引起的化学变化可以忽略不计。
4. 高糖高脂肪食品不适用。

（2）直接干燥法测定水分的原理。直接干燥法测定食品中水分是利用食品中水分的物理性质，在 101.3 kPa（一个标准大气压）、101 ~ 105 ℃下采用挥发方法测定样品中干燥减失的质量，包括吸湿水、部分结晶水和该条件下能挥发的物质，再通过干燥前后的称量数值计算出水分的含量。

$$试样中水分含量（g/100\ g）= \frac{样品中干燥减失的质量}{样品质量} \times 100$$

2. 间接测定法

间接测定法是利用食品的比重、折射率、电导、介电常数等物理性质测定水分的方法。一般测定水分的方法要根据食品性质和测定目的来选定。

4.1.3 水分测定的常用仪器设备

1. 电热恒温干燥箱

电热恒温干燥箱一般由箱体、电热系统和自动恒温控制系统三部分组成。它是一种常用的干燥设备，主要用来烘干称量瓶、玻璃器皿、基准物、试样等。常见有普通干燥箱（见图 4-1-1）和真空干燥箱（见图 4-1-2），温度显示有指针和数显。干燥箱的使用方法如下。

（1）检查干燥箱安全性。电源、接电线是否安全，放置位置是否牢固，排气阀是否正常，易燃易爆物不能放入干燥箱内干燥。

（2）设置干燥温度。一般干燥温度为 95 ~ 105 ℃；温度设置开关位置分设温和测温，设置温度时开关位置指在设温，测温位置显示干燥箱内温度。

（3）若需干燥玻璃器皿，应将器皿置于不锈钢盘上，以免滴下水滴引起箱体腐蚀。

（4）温度达到干燥温度且恒温时，可关闭一组加热开关，只留一组电热器工作；同时开鼓风机，促成机械空气对流。

（5）真空干燥箱需连接真空泵。

图 4-1-1　普通干燥箱

图 4-1-2　真空干燥箱

2. 普通干燥器

普通干燥器（见图 4-1-3）是保持物质干燥的容器，由厚质玻璃制成，其上部是一个磨口的盖子（磨口处涂有一层薄凡士林），中下部有一块有孔洞的活动瓷板，瓷板下放干燥剂，瓷板上放置需干燥的试样容器。普通干燥器的使用方法如下。

（1）搬移干燥器时，要双手操作，用两手大拇指紧紧按住干燥器盖。

（2）打开干燥器时，一手扶住器身，另一手平推器盖，盖子必须仰放在桌子上。

（3）变色硅胶干燥时为蓝色，受潮后变粉红色；粉红色硅胶烘干又变蓝色，可重复使用。

图 4-1-3　普通干燥器

任务实施

任务一　水分测定的检验准备

操作步骤

步骤 1　检测标准查阅

查阅 GB 5009.3《食品安全国家标准　食品中水分的测定》和 GB 19644《食品安全国家标准　乳粉》。

步骤 2　梳理检测流程

称取称量瓶的质量（恒重）→称取样品的质量→称取干燥后称量瓶和样品的质量（恒重）。

步骤 3　仪器设备及器皿准备

名称	规格与要求	数量
电子天平	感量为 0.1 mg，贴有计量检定有效标识	1 台
电热恒温干燥箱	可控制恒温 103 ℃ ± 2 ℃，贴有计量检定有效标识	1 台
称量瓶	直径为 50 ~ 70 mm，高度为 25 mm	2 个
干燥器	配有有效干燥剂	1 个
带盖的锥形瓶	250 mL 或 500 mL	1 个
表面皿	—	2 个
牛角匙	—	1 把
手套	—	1 副
记号笔	—	1 支

步骤 4　乳粉检样的制备

将样品全部移入两倍于样品体积的干燥、带盖的锥形瓶中，旋转振荡，使之充分混合，待测。

任务二　乳粉中水分测定

操作步骤

步骤 1　称取称量瓶的质量

操作流程	操作内容	操作说明
1. 称量瓶干燥	取称量瓶，置于干燥箱中，温度设置为 101 ~ 105 ℃，瓶盖斜支于瓶边，加热 1 h。	称量瓶预先洗净。
2. 称量瓶冷却	取出称量瓶，盖好盖子，置于干燥器内冷却 0.5 h。	1. 干燥器内配有有效干燥剂，变色硅胶为蓝色。 2. 取出称量瓶时，不能用手直接接触。
3. 称量瓶称重	精密称取称量瓶的质量。	精确到 0.1 mg。
4. 称量瓶恒重	重复前三个步骤，至前后两次质量差不超过 2 mg，即为恒重。	将已经恒重的称量瓶置于干燥器内。

步骤 2　称取样品的质量

操作流程	操作内容	操作说明
样品称量	在恒重的称量瓶中称取 2 ~ 10 g 试样（精确到 0.1 mg）。	试样厚度不超过 5 mm，如疏松试样厚度不超过 10 mm，迅速加盖。

步骤 3　称取干燥后称量瓶和样品的质量

操作流程	操作内容	操作说明
1. 样品干燥	将装有样品的称量瓶置于干燥箱中，温度设置为 101 ~ 105 ℃，瓶盖斜支于瓶边，加热 2 ~ 4 h。	—
2. 样品冷却	干燥完毕后盖好盖子取出，放入干燥器内冷却 0.5 h。	1. 干燥器内配有有效干燥剂，变色硅胶为蓝色。 2. 取出干燥后的称量瓶和样品时，不能用手直接接触。
3. 干燥后样品和称量瓶的质量	精密称取干燥后样品和称量瓶的质量。	精确到 0.1 mg。
4. 干燥后样品和称量瓶的恒重	重复操作流程 1 ~ 3，至样品和称量瓶称重至恒重。	前后两次质量差不超过 2 mg，即为恒重。

小贴士

1. 为减少称量误差，应控制称量时间，建议每批称量器皿不超过 12 个。

2. 干燥器内的硅胶应占底部容积的 1/3 ~ 1/2，当硅胶蓝色减退或变红时，需及时调换，换出的硅胶置于烘箱中烘至蓝色后可再次使用。

3. 称量瓶从烘箱中取出时，不可直接用手接触，需戴手套，以防止烫伤或产生数据偏差；取出后，应立即放在干燥器中进行冷却，切勿暴露在空气中冷却。

4. 若恒重操作时，前后两次质量差超过 2 mg，必须继续重复操作，直至前后两次质量差小于 2 mg。两次恒重值在计算中，取最后一次数值。

5. 使用电热恒温干燥箱测定食品中的水分时，被烘干的物质不应洒落在恒温干燥箱内，以免产生测量误差，以及防止腐蚀内壁及隔板。

任务三　原始记录填写

操作步骤

步骤 1　选用设备填写

选用设备名称及编号	状态标识

步骤 2　实验结果记录填写

<table>
<tr><td>样品名称</td><td colspan="2">乳粉</td><td>检验依据</td><td></td></tr>
<tr><td>环境温度 / 湿度
（℃/%）</td><td colspan="2"></td><td>取样 / 检测日期</td><td></td></tr>
<tr><td colspan="3">平行实验</td><td>1</td><td>2</td></tr>
<tr><td colspan="3">已恒重的称量瓶质量 m_1（g）</td><td></td><td></td></tr>
<tr><td colspan="3">样品质量 + 称量瓶质量 m_2（g）</td><td></td><td></td></tr>
<tr><td>干燥温度</td><td colspan="2"></td><td>干燥时间</td><td></td></tr>
<tr><td colspan="2" rowspan="2">称量瓶 + 样品干燥后的质量 m_3（g）</td><td>第一次称重</td><td></td><td></td></tr>
<tr><td>第二次称重</td><td></td><td></td></tr>
<tr><td colspan="2">水分计算公式：
$X=\frac{m_2-m_3}{m_2-m_1}\times 100$</td><td>计算过程</td><td></td><td></td></tr>
<tr><td colspan="3">水分含量（g/100 g）</td><td></td><td></td></tr>
<tr><td colspan="3">水分含量平均值（g/100 g）</td><td colspan="2"></td></tr>
<tr><td colspan="3">精密度（%）</td><td colspan="2"></td></tr>
<tr><td colspan="3">标准值（g/100 g）</td><td colspan="2"></td></tr>
<tr><td colspan="3">单项检验结论</td><td colspan="2"></td></tr>
<tr><td>备注</td><td colspan="2"></td><td>检验人</td><td></td></tr>
</table>

☆小贴士

水分含量≥1 g/100 g 时，计算结果保留 3 位有效数字；水分含量 <1 g/100 g 时，计算结果保留 2 位有效数字。

精密度：在重复性条件下获得的两次独立测定结果的绝对差值不得超过算术平均值的 10%。

拓展内容

一、测定半固体、液体及果蔬类样品水分含量

1. 测定半固体、液体样品水分含量，样品前处理增加蒸发操作。

（1）海砂先用 6 mol/L 盐酸煮沸 0.5 h，用水洗至中性，再用 6 mol/L 氢氧化钠煮沸 0.5 h，用水洗至中性，经 105 ℃干燥 2 h 备用。

（2）蒸发皿、小玻璃棒、10 g 海砂，干燥至恒重后称重。

（3）蒸发皿、小玻璃棒、10 g 海砂，加液体样品，电子天平称重。用小玻璃棒搅匀放在沸水浴上蒸干，同时搅拌。擦去蒸发皿底的水，蒸发皿、小玻璃棒、10 g 海砂、样品进干燥箱干燥。后续操作同直接干燥法。

2. 浓稠液体一般称量后加水稀释（加水量为固形物体积的 20%～30%），否则表面易结块。

3. 新鲜的果蔬类样品应先洗去泥沙，再用蒸馏水冲洗，然后用洁净纱布吸干表面水分，再粉碎。

二、减压干燥法

减压干燥法适用于糖、味精等易分解的食品。检验依据是 GB 5009.3《食品安全国家标准　食品中水分的测定》第二法。

1. 测定原理

减压干燥法测定食品中水分是利用食品中水分的物理性质，在达到 40～53 kPa 压力后加热至 60 ℃ ±5 ℃，采用减压烘干方法去除试样中的水分，再通过烘干前后的称量计算出水分的含量。

2. 测定步骤

取已恒重的称量瓶称取 2～10 g 试样，放入真空干燥箱内，将真空干燥箱连接真

空泵，抽出真空干燥箱内空气（所需压力一般为 40 ~ 53 kPa），并同时加热至所需温度（60 ℃ ± 5 ℃）。关闭真空泵上的活塞，停止抽气，使真空干燥箱内保持一定的温度和压力，经 4 h 后，打开活塞，使空气经干燥装置缓缓通入至真空干燥箱内，待压力恢复正常后再打开真空干燥箱。取出称量瓶，放入干燥器中冷却 0.5 h 后称量，并重复以上操作至恒重。

3. 结果计算

结果计算与直接干燥法一样，在重复性条件下两次独立测定结果的绝对差值不得超过算术平均值的 10%。

4. 测定注意事项

（1）真空干燥箱内各部位温度要求均匀一致，干燥箱精度为 ±1 ℃。

（2）减压干燥时，自干燥箱内压力降至规定真空度时起计算烘干时间。

（3）为防止真空泵产生倒吸，关闭真空泵前应先缓慢打开二通活塞。

三、重量分析法

重量分析法是通过称量物质的质量来测定被测组分质量分数的一种方法。一般是被测组分从试样中分离出来，转化为可定量称量的形式，然后用称量方法测定被测组分的质量分数。

由于重量分析法是直接用分析天平称取沉淀物的质量而得到分析结果的，因此其是常量分析中准确度、精密度较高的方法之一，适用范围广，一般测定的相对误差不大于 0.1%。

根据被测组分分离方法的不同，可将重量分析法分为挥发法、萃取法和沉淀法，各类方法的原理和应用见表 4-1-2。

表 4-1-2　重量分析法的原理和应用

方法	原理	应用
挥发法	1. 将一定质量的样品加热或与某种试剂作用，使被测成分生成挥发性的物质逸出，然后根据样品减少的质量计算被测成分的质量分数 2. 应用某种吸收剂吸收逸出的挥发性物质，根据吸收剂增加的质量来计算被测成分的质量分数	食品中水分、灰分的测定
萃取法	利用萃取剂将被测成分从样品中萃取出来，然后将萃取剂蒸干，称取干燥的萃取物，根据萃取物的质量来计算样品中被测成分的质量分数	食品中脂肪的测定
沉淀法	使被测成分以难溶化合物的形式沉淀出来，经分离后称取沉淀的质量，根据沉淀的质量来计算被测成分在样品中的质量分数	水样品中硫酸盐质量分数的测定

理论知识复习

一、判断题

1. 直接干燥法适用于水产品、豆制品、肉制品、乳制品、香辛料等食品中水分含量的测定。 (   )

2. 使用电热恒温干燥箱测定饼干中的水分时，被烘干的物质不应洒落在恒温干燥箱内，以防腐蚀内壁及隔板。 (   )

3. 水分测定中恒重是指称量瓶称重时，最初达到的最高质量。 (   )

4. 直接干燥法测定水分时，液体样品可直接盛放于铝皿中放入干燥箱中干燥。 (   )

5. 直接干燥法测定水分时，称量瓶在干燥箱中，瓶盖斜支于瓶边加热，取出时将瓶盖盖好，置于干燥器内冷却。 (   )

6. 直接干燥法测定水分时，m_1 为称量瓶和样品的质量，m_2 为称量瓶和样品干燥后的质量，m_0 为称量瓶的质量，则水分含量为（m_1-m_2）$/m_0$。 (   )

二、单项选择题

1. 食品检验中，水分测定方法常用的有（   ）干燥法。

A. 直接和间接　B. 挥发和沉淀　C. 分离和干燥　D. 化学和光谱

2. 水分测定时，直接干燥法适用于 101～105 ℃下，不含或含其他（   ）物质甚微的试样。

A. 物理　B. 化学　C. 挥发性　D. 不挥发

3.（   ）不属于电热恒温干燥箱的组成部分。

A. 真空泵　B. 箱体　C. 电热系统　D. 自动恒温控制系统

4. 测定糕点中水分时，要求经连续两次烘干的称量瓶，前后两次称重之差小于 2 mg，则认为达到了（   ）。

A. 称量　B. 恒重　C. 称重　D. 定量

5. 直接干燥法测定食品中水分，精密度要求是在重复性条件下获得的两次独立测定结果的绝对差值不得超过算术平均值的（   ）。

A. 5%　B. 10%　C. 15%　D. 1%

6. 直接干燥法测定水分时，称量瓶必须经过（   ）后方可称取样品。

A. 加热　B. 干燥　C. 冷却　D. 恒重

7. 直接干燥法测定食品中水分时，温度控制为（　　）℃。

A. 95 ~ 105　　B. 101 ~ 105　　C. 95 ~ 110　　D. 105 ~ 120

8. 直接干燥法测定液体样品水分时，称取液体样品的器皿中应先放入（　　）及一根小玻璃棒。

A. 玻璃珠　　B. 海砂　　C. 沸石　　D. 海盐

9. 直接干燥法测定食品中水分时，使用的分析天平精度是（　　）mg。

A. 1.0　　B. 0.1　　C. 0.01　　D. 10.0

10. 直接干燥法测定水分时，m_1 为称量皿和样品的质量，m_2 为称量皿和样品干燥后的质量，m_0 为称量皿的质量，该实验结果是（　　）。

A. $(m_1-m_2)/(m_1-m_2)\times 100$　　B. $(m_1-m_0)/(m_2-m_0)\times 100$

C. $(m_2-m_0)/(m_1-m_0)\times 100$　　D. $(m_1-m_2)/m_0\times 100$

三、简答题

1. 简述水分测定的常用方法。

2. 简述水分测定的常用仪器设备。

项目二　食品中脂肪的测定

场景介绍

张三接到饼干检测计划单，要求按照饼干的检测标准进行脂肪的测定，规范操作，认真填写原始记录，并完成单项检验结果报告。

饼干检测计划单

样品名称：饼干	请检部门：饼干加工车间
批号：20190606	请验者：赵五
规格：250 g/ 袋，20 袋 / 箱	请验日期：2019 年 6 月 10 日
数量：250 g/ 袋 ×20 袋 / 箱 ×50 箱 =250 kg	检验项目：脂肪测定
检验依据：GB 5009.6–2016《食品安全国家标准　食品中脂肪的测定》	

技能列表

序号	技能点	重要性
1	能正确查询脂肪测定检验标准及产品国家标准	★★★★
2	能根据脂肪测定的国家检测标准选用合适的检验设备及试剂	★★★
3	能按照国家检测标准完成脂肪的测定	★★★★★
4	能按公式计算脂肪含量和测定的精密度	★★★★
5	能规范填写原始记录，并能判定单项检验结果	★★★

知识列表

序号	知识点	重要性
1	食品中脂肪的定义及存在状态	★★★
2	脂肪提取剂的特点和安全使用方法	★★★
3	脂肪测定的常用方法及其适用范围	★★★★
4	脂肪测定的常用仪器设备	★★★
5	脂肪含量和精密度计算的方法以及结果判定方法	★★★★★

知识准备

4.2.1 食品中脂肪概述

1. 脂肪的测定意义

脂肪是食品中重要的营养成分之一。脂肪可为人体提供必需脂肪酸，是人体热能的主要来源，每克脂肪在体内可提供37.62 kJ（9 kcal）热量，比碳水化合物和蛋白质高一倍以上，是食物中能量最高的营养素，但是摄入过量对人体健康不利。不同种类的食品，脂肪含量差异大。

在食品加工生产过程中，原料、半成品、成品的脂类含量对产品的风味、组织结构、品质、外观、口感等都有直接影响。如蔬菜本身的脂肪较低，但在生产蔬菜罐头时，添加适量的脂肪可以改善产品的风味；脂肪特别是卵磷脂等组分的含量，对于面包类焙烤食品的柔软度、体积及其结构都有影响。所以脂肪含量是食品质量管理中一项重要的控制指标。

2. 食品中脂肪存在的状态

食品中的脂类主要包括脂肪（甘油三酸酯）和一些类脂，如脂肪酸、磷脂、糖脂、固醇等，大多数动物性食品及某些植物性食品（如种子、果实、果仁等）都含有天然脂肪。各种食品含脂量各不相同，其中动物性和植物性油脂中脂肪含量高，而水果、蔬菜中脂肪含量较低。

食品中脂肪的存在形式有游离态和结合态，动物性脂肪和植物性脂肪属游离态脂肪，天然存在的磷脂、糖脂、脂蛋白等是脂肪与蛋白质或碳水化合物等成分形成的结合态脂肪。对大多数食品来说，游离态的脂肪是主要存在形式。

3. 脂肪的提取剂

脂肪的共同特点是在水中的溶解度非常小，需根据相似相溶的原理选择有机溶剂，常用测定脂肪的有机溶剂有无水乙醚和石油醚。

（1）无水乙醚。溶解脂肪的能力强，沸点为34.6 ℃，易燃。乙醚能溶解约2%的水分，含水乙醚同样能提出糖分等非脂成分，所以脂肪测定时如以乙醚作为提取剂，乙醚必须无水。

（2）石油醚。石油醚沸程为30～60 ℃，可燃，溶解脂肪能力比无水乙醚弱，吸收水分比无水乙醚少，提取脂肪时允许试样中含有微量水分。

☆小贴士

无水乙醚和石油醚只能直接提取游离态的脂肪，对于结合态脂类，必须事先破坏脂类与非脂成分的结合再进行提取。另外，提取脂肪时热源用恒温水浴锅，温度控制在 60～70 ℃（夏季 50～60 ℃）。

4.2.2 脂肪测定的常用方法

1. 索氏提取法

索氏提取法又称连续提取法、索氏抽提法，是从固体物质中萃取化合物的一种方法，是测定多种食品脂类含量的主要方法。

（1）适用范围。索氏提取法适用于水果、蔬菜及其制品、粮食及粮食制品、肉及肉制品、蛋及蛋制品、水产及其制品、焙烤食品、糖果等食品中游离态脂肪含量的测定。但样品需先粉碎和干燥，因为水分的存在使有机溶剂不能进入食品内部，另外被水分饱和的乙醚提取效率降低。

（2）测定原理。脂肪易溶于有机溶剂。试样直接用无水乙醚或石油醚等溶剂抽提后，蒸发除去溶剂，干燥，得到游离态脂肪，可计算其含量。

$$\text{试样中脂肪的含量（g/100 g）} = \frac{\text{样品中脂肪的质量}}{\text{样品质量}} \times 100$$

（3）注意事项。脂肪提取需无水操作。乙醚需用无水乙醚，索氏抽提器需烘干，待测样试样需烘干、磨细。

2. 酸水解法

（1）适用范围。酸水解法适用于水果、蔬菜及其制品、粮食及粮食制品、肉及肉制品、蛋及蛋制品、水产及其制品、焙烤食品、糖果等食品中游离态脂肪及结合态脂肪总量的测定。但酸水解法不适宜于高糖类食品和含较多磷脂的食品，因糖类遇强酸易碳化而影响测定结果，而含较多磷脂的蛋及其制品、鱼类、贝类及其制品，因在盐酸溶液中加热时，磷脂几乎完全分解为脂肪酸和碱，测定结果偏低。

（2）测定原理。食品中的结合态脂肪必须用强酸使其游离，游离出的脂肪易溶于有机溶剂。试样经盐酸水解后用无水乙醚或石油醚提取，除去溶剂即得游离态和结合态脂肪的总含量。

3. 碱水解法

（1）适用范围。碱水解法适用于乳及乳制品、婴幼儿配方食品中脂肪的测定。

（2）测定原理。用无水乙醚和石油醚抽提样品的碱（氨水）水解液，通过蒸馏或蒸发去除溶剂，测定溶于溶剂中的抽提物质量。

4. 盖勃法

（1）适用范围。盖勃法适用于乳及乳制品、婴幼儿配方食品中脂肪的测定。

（2）测定原理。在乳中加入硫酸破坏乳胶质性和覆盖在脂肪球上的蛋白质外膜，离心分离脂肪后测定其体积。

4.2.3 脂肪测定的常用仪器设备

1. 索氏抽提器

索氏抽提器的组成见表 4–2–1。

表 4–2–1　　索氏抽提器的组成

图示	说明	注意事项
接收瓶	接收瓶又称烧瓶，分为平底和圆底两种，容量有 150 mL、250 mL、500 mL 和 1 000 mL。用于加热及蒸馏液体，平底的不耐压，圆底的耐压	明火加热前，将外壁水擦干；所盛提取剂不得超过容积的 2/3
抽提管	抽提管又称脂肪提取器，就是利用溶剂回流及虹吸原理，将固体物质放在滤纸筒内，置于提取器中，提取器的下端与盛有溶剂的接收瓶相连，上端接回流冷凝管。加热接收瓶，使溶剂沸腾，蒸气通过提取器的支管上升，被冷凝后滴入提取器中，溶剂和固体接触进行萃取，当溶剂面超过虹吸管的最高处时，含有萃取物的溶剂虹吸回接收瓶，因而萃取出一部分物质，如此重复，使固体物质不断地为纯的溶剂所萃取，将萃取出的物质富集在接收瓶中	抽提管的回流弯管细、易碎，拿取时不要触碰回流弯管

续表

图示	说明	注意事项
冷凝管	冷凝管有内外组合的玻璃管构成，有直形、球形、蛇形等，规格以外套管长表示，有 300 mm、400 mm 和 500 mm。在蒸馏和索氏抽提器中作冷凝装置，冷却面积按从大到小依次为蛇形、球形、直形。索氏抽提器一般选择球形冷凝管	装配仪器时，先装冷凝管冷却水胶管，再装其他仪器；冷凝管下口进水、上口出水；开始进水时需缓慢

2. 通风柜

（1）通风柜的定义。通风柜是实验室中最常用的一种局部排风设备。种类繁多，由于其结构不同，使用条件不同，其排风效果也不相同。通风柜的性能主要取决于通过通风柜时空气移动的速度。

（2）通风柜的结构。通风柜的结构主要为上下式，上柜中有导流板、电路控制开关、电源插座、照明灯等；透视窗采用钢化玻璃，可上下移动，供人操作；下柜采用实验边台样式，上方有台面，台面安装小水槽和龙头。

（3）通风柜的材料。通风柜的材料多种多样，主要有全钢、钢木、全木、铝木、塑钢、聚氯乙烯（PVC）等，其台面是直接与操作者接触的地方，由实心理化板、不锈钢板、PVC、陶瓷等材料组成。通风柜一般靠墙安装。

（4）通风柜的主要功能。排放实验产生的各种有害气体，保护操作人员的安全。

（5）通风柜的使用注意事项

1）在实验开始以前，必须确认通风柜处于运行状态。

2）实验结束后至少还要继续运行 5 min 以上才可关闭通风机，以排出管道内的残留气体。

3）实验时，在距玻璃视窗 150 mm 内不要放任何设备，大型实验设备要有充足的空间，不应影响空气的流动，前视窗尽量关闭。

4）使用的时候人站或坐于柜前，将玻璃门尽量放低，手通过门下伸进柜内进行实验。由于排风扇通过开启的门向内抽气，在正常情况下有害气体不会逸出。

任务实施

任务一　脂肪测定的检验准备

操作步骤

步骤 1　检测标准查阅

查阅 GB 5009.6《食品安全国家标准　食品中脂肪的测定》第一法和 GB/T 20980《饼干》。

步骤 2　检测流程确定

样品处理→空接收瓶恒重→索氏抽提器安装→抽提→溶剂回收→烘干、冷却、称重（至恒重）。

步骤 3　仪器设备、器皿及试剂准备

名称	规格与要求	数量
电子天平	感量 0.1 mg，贴有计量检定有效标识	1 台
电热恒温干燥箱	可控制恒温 102 ℃ ± 2 ℃，贴有计量检定有效标识	1 台
电热恒温水浴锅	可控制恒温 65 ℃ ± 5 ℃，贴有计量检定有效标识	1 台
索氏抽提器	—	2 套
干燥器	配有有效干燥剂	1 个
乙醚	无水	500 mL
滤纸	—	2 张
脱脂棉线	—	2 根
脱脂棉	—	1 包
耐油称量纸	—	2 张
镊子	—	1 把
牛角匙	—	1 把
手套	—	1 副
记号笔	—	1 支

步骤 4　饼干检样制备

饼干样品在研钵中磨碎，倒入容量为 100 mL 的小烧杯，装入量约为小烧杯容量的 1/3，在 100 ℃ ± 5 ℃干燥 2 h，干燥器中冷却 0.5 h，备用。

步骤 5　滤纸筒制作

将滤纸裁成 8 cm × 15 cm，卷成圆筒形，直径约为 2 cm，底端用脱脂棉线扎好封口，滤纸筒高度低于回流弯管。滤纸筒制作流程如图 4–2–1 所示。

底端扎好

整形

封口

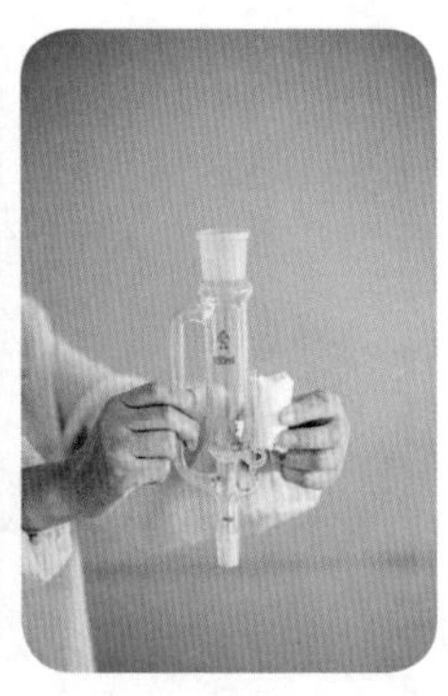

高度调整

图 4–2–1　滤纸筒制作

步骤 6　空接收瓶烘干

把洗干净的接收瓶置于 100 ℃ ± 5 ℃烘箱干燥 2 ~ 3 h，取出置于干燥器中，备用。

任务二　饼干中脂肪测定

操作步骤

步骤 1　样品处理

操作流程	操作内容	操作说明
1. 称量样品	在称量纸上精密称取均匀样品 2 ~ 5 g（精确到 1 mg）。	1. 称量纸应耐油。 2. 样品应预先磨细烘干。

续表

操作流程	操作内容	操作说明
2. 转移样品 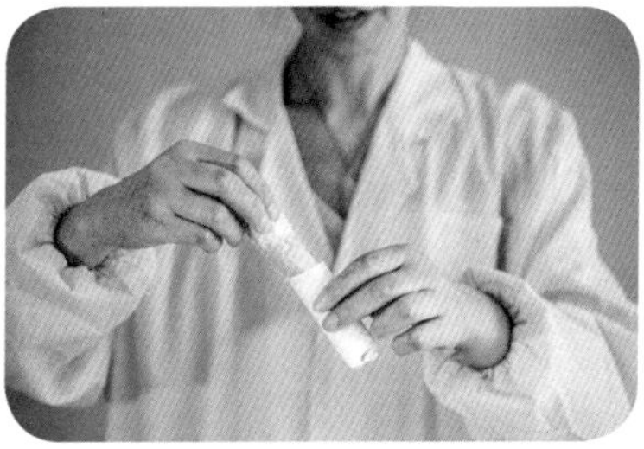	将称好的样品全部转移至滤纸筒内。	样品转移时应小心，不要洒漏。
3. 擦拭称量纸 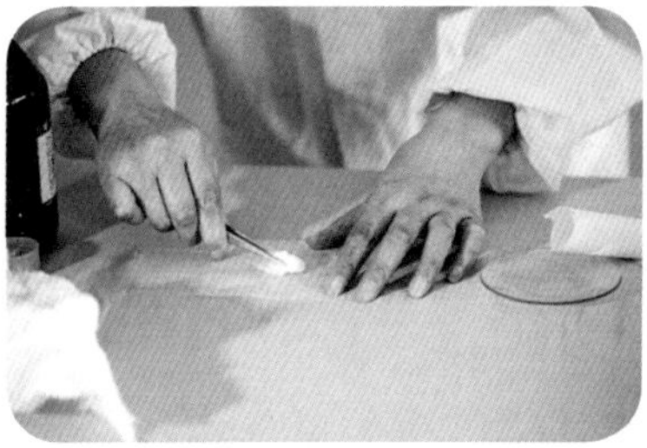	用蘸有无水乙醚的脱脂棉擦拭称量纸上残留的样品两次，脱脂棉同样转移至滤纸筒内。	所用乙醚必须为无水乙醚，如果没有无水乙醚可以用石油醚，石油醚沸程以 30～60 ℃为好。
4. 封口	样品转移完毕，将上端封口。	样品不能渗漏。
5. 调整高度 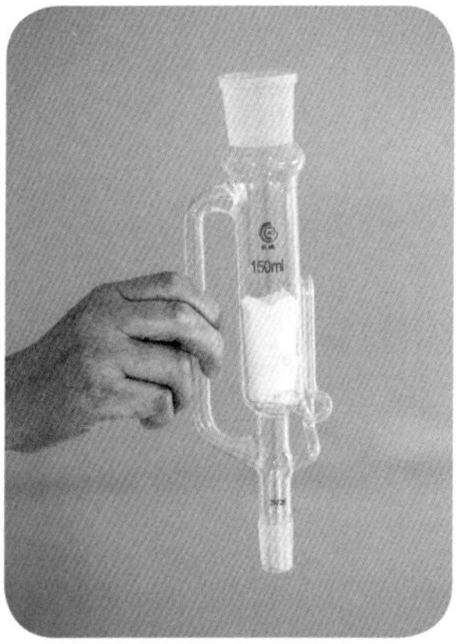	调整好滤纸筒高度，将滤纸筒放入抽提管内。	滤纸筒的高度不能超过回流弯管的高度，否则乙醚不易穿透样品导致无法提取全部脂肪，造成误差。

步骤 2　空接收瓶恒重

操作流程	操作内容	操作说明
1. 取接收瓶，记编号	取出干燥器中的接收瓶，用记号笔在接收瓶的外壁写上编号。	取接收瓶时戴上手套，不能用手直接接触接收瓶。
2. 空接收瓶恒重	做好编号的接收瓶置于电子天平上称量至恒重。	前后两次质量差≤2 mg。

步骤 3　索氏抽提器安装

索氏抽提器安装原则为：先下后上，先左后右；拆除仪器与安装顺序相反。

索氏抽提器安装顺序为：恒温水浴锅→接收瓶→抽提管→冷凝管。

操作流程	操作内容	操作说明
1. 固定接收瓶	把恒重后的接收瓶用夹子固定，要注意接收瓶的安装高度，使接收瓶刚好能浸入水浴锅的水中。	1. 索氏抽提器预先洗净烘干。 2. 电热恒温水浴锅使用前，先检查水箱是否有渗漏，如无渗漏，再加入 2/3 的水。 3. 应在通风柜内进行。 4. 安装接收瓶时，套上水浴锅圈。
2. 连接抽提管	把装有滤纸筒的抽提管连接至安装好的接收瓶上。	接收瓶和抽提管的磨砂口接合紧密，保证不漏气。

续表

操作流程	操作内容	操作说明
3. 连接冷凝管 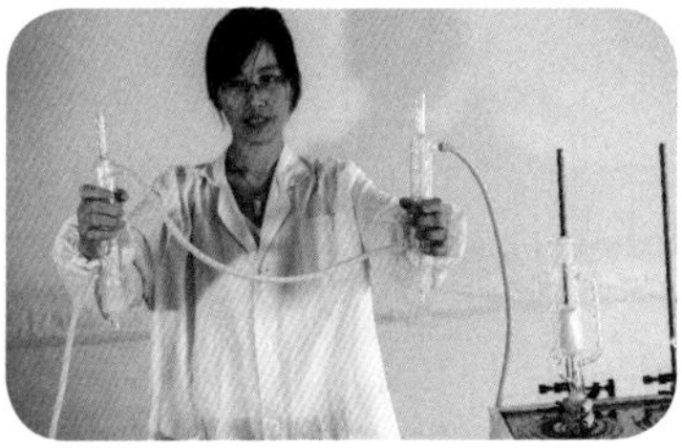	将冷凝管的上下端先接上乳胶管，再将冷凝管安装到抽提管上，并将进水的乳胶管与自来水管相连。	注意检查，确保所有接口均对接完好（不漏气，不打滑）。

步骤 4　抽提

操作流程	操作内容	操作说明
1. 加无水乙醚 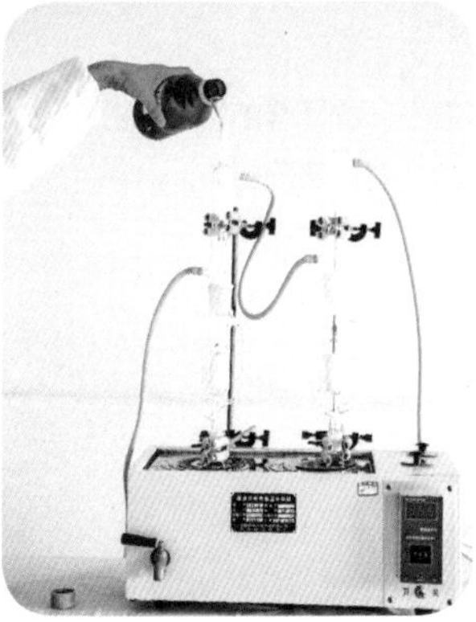	从抽提管或冷凝管上端倒入无水乙醚。	无水乙醚的量为接收瓶容积的2/3。
2. 抽提回流 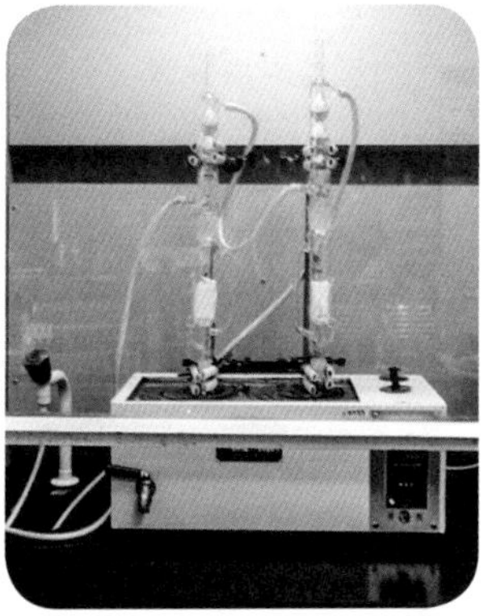	轻轻打开自来水龙头，水流量不宜过大；恒温水浴锅通电，于水浴上加热提取，抽提时水浴温度不能过高，回流速度以每小时 6 ~ 8 次为宜，一般抽提 6 ~ 10 h，至抽提完全为止。	抽提结束时，可用磨砂玻璃棒接取一滴提取液，磨砂玻璃棒上无油迹表明提取完毕。

步骤 5　溶剂回收

操作流程	操作内容	操作说明
1. 拆除冷凝管	提取结束后，当乙醚在抽提管中的液面即将到达虹吸管的上弯头处时，拆除冷凝管，取下抽提管	取出时，抽提管不要倾斜。
2. 回收	将取下的抽提管的下端口插入回收瓶中，倾斜抽提管，抽提管中的溶剂虹吸流入回收瓶中，达到回收的目的。	冷凝管下端没有乙醚滴落，说明已回收完毕。
3. 水浴蒸发	接收瓶内溶剂剩余 1 ~ 2 mL 时，拆下冷凝管和抽提管装置，将接收瓶置于水浴上蒸发溶剂。	1. 乙醚回收后，接收瓶中残留少量乙醚，放入烘箱中有发生爆炸的危险，故需水浴蒸发，直至闻不到乙醚味。 2. 接收瓶中所残留的物质即为脂肪。

步骤 6　烘干、冷却、称重（至恒重）

操作流程	操作内容	操作说明
1. 接收瓶擦干	接收瓶水浴蒸发溶剂后，取出接收瓶，用吸水纸吸干接收瓶外壁水分。	取出接收瓶时应戴手套。
2. 接收瓶烘干	将盛有脂肪的接收瓶置于 100 ℃ ±5 ℃烘箱干燥 1 h。	—
3. 接收瓶冷却	将干燥后的接收瓶从烘箱中取出，置于干燥器中冷却 0.5 h。	接收瓶从烘箱中取出时要戴手套。
4. 恒重	冷却至室温后称量，并重复至恒重（恒重标准≤2 mg）。	1. 接收瓶烘干称量过程中，反复加热会因脂类氧化而增量，故在恒重中若质量增加，应以增量前的质量作为恒重。 2. 为避免脂肪氧化造成误差，最好选择真空干燥箱干燥富含脂肪的食品。

任务三　原始记录填写

操作步骤

步骤 1　选用设备相关信息填写

选用设备名称及编号	状态标识

步骤 2　实验结果记录填写

<table>
<tr><td>样品名称</td><td></td><td>检验依据</td><td></td></tr>
<tr><td>仪器名称</td><td></td><td>仪器编号</td><td></td></tr>
<tr><td>环境温度 / 湿度（℃/%）</td><td></td><td>取样 / 检测日期</td><td></td></tr>
<tr><td colspan="2">平行实验</td><td>1</td><td>2</td></tr>
<tr><td colspan="2">样品质量 m_2（g）</td><td></td><td></td></tr>
<tr><td colspan="2">已恒重的接收瓶质量 m_0（g）</td><td></td><td></td></tr>
<tr><td rowspan="2">接收瓶 + 脂肪的质量 m_1（g）</td><td>第一次称重</td><td></td><td></td></tr>
<tr><td>第二次称重</td><td></td><td></td></tr>
<tr><td>脂肪计算公式：
$X=\frac{m_1-m_0}{m_2}\times 100$</td><td>计算过程</td><td></td><td></td></tr>
<tr><td colspan="2">脂肪含量 X（g/100 g）</td><td></td><td></td></tr>
<tr><td colspan="2">脂肪含量平均值（g/100 g）</td><td colspan="2"></td></tr>
<tr><td colspan="2">精密度（%）</td><td colspan="2"></td></tr>
<tr><td colspan="2">标准值（g/100 g）</td><td colspan="2"></td></tr>
<tr><td colspan="2">单项检验结论</td><td colspan="2"></td></tr>
<tr><td>备注</td><td></td><td>检验人</td><td></td></tr>
</table>

☆小贴士

实验结果以重复性条件下获得的两次独立测定结果的算术平均值表示，结果保留小数点后一位。在重复性条件下获得的两次独立测定结果的绝对差值不得超过算术平均值的 10%。

拓展内容

酸水解法测定红肠中脂肪的含量

一、检测标准查阅

查阅 GB 5009.6《食品安全国家标准　食品中脂肪的测定》第二法和 SB/T 10481《低温肉制品质量安全要求》。

二、检测流程确定

样品制备→样品称量→样品水解→脂肪提取→烘干→冷却→称重（至恒重）。

三、脂肪提取

操作流程	操作内容	操作说明
1. 样品称量	精密称取样品 2 ~ 5 g 于 50 mL 试管内。	精确至 0.001 g。

续表

操作流程	操作内容	操作说明
2. 加水溶解 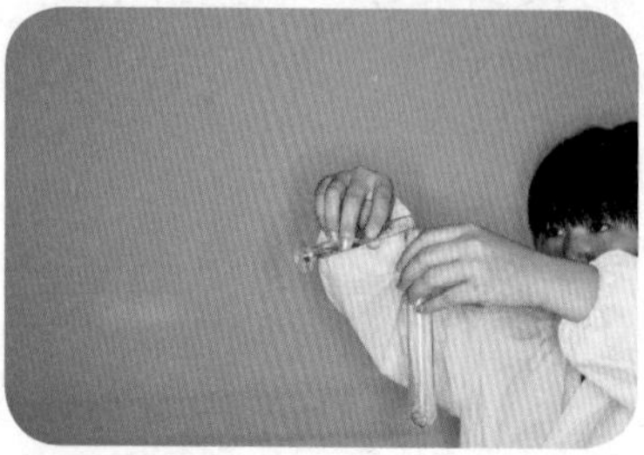	加入 8 mL 水，混匀。	为防止干试样固化，在加盐酸水解前加水。
3. 加盐酸 	加 10 mL 12 mol/L 盐酸。	加盐酸可以使结合态脂肪转化为游离态脂肪。
4. 样品水解 	将盛放样品的试管先放入盛有水的锥形瓶内，再放入 70 ~ 80 ℃水浴中，40 ~ 50 min。	每隔 5 ~ 10 min 用玻璃棒搅拌一次，至试样消化完全为止。
5. 转移 	取出试管加入 10 mL 95% 乙醇，混合。冷却后将混合物移入 100 mL 具塞量筒中，以 25 mL 乙醚分次洗试管，一并倒入具塞量筒中。	水解后加入乙醇可使蛋白质沉淀，促进脂肪球聚合，同时溶解一些碳水化合物（如糖类、有机酸等）。

续表

操作流程	操作内容	操作说明
6. 振摇，静置	加塞轻轻振摇 1 min，小心开塞，放出气体，再塞好，静置 12 min，小心开塞，并用乙醚冲洗筒口附着的脂肪。	1. 萃取时具塞量筒上下轻轻颠倒摇动混合，不要猛烈撞摆，以免乳化，每摇三次后开塞放气一次。 2. 加石油醚的作用：用乙醚提取脂肪时因乙醇可溶于乙醚，故需加入石油醚，以降低乙醇在乙醚中的溶解度，使乙醇溶解物残留在水层，分层清晰。
7. 吸出上清液	静置 10 ~ 20 min，待上部液体清晰，吸出上清液于已恒量的接收瓶内，再加 5 mL 乙醚于具塞量筒内，振摇，静置后，仍将上层乙醚吸出，放入原接收瓶内	用吸量管移取乙醚溶液时，由于乙醚黏度极小，易掉落，导致测定操作结果错误，因此要求移取时事先将接收瓶靠近具塞量筒，缩短吸量管移动距离，移取量以剩余醚层 5 mm 为准。

理论知识复习

一、判断题

1. 索氏抽提法测定脂肪含量时，能将样品中结合态的脂肪提取出来。 （ ）
2. 索氏抽提法和酸水解法是常用的脂肪测定方法。 （ ）
3. 电热恒温水浴锅使用前，应检查水箱是否有渗漏的现象。 （ ）
4. 索氏抽提法测定脂肪时，溶剂加入量应为接收瓶容积的 1/3。 （ ）
5. 索氏抽提法测定脂肪时，所用的有机溶剂是乙醚和丙酮。 （ ）
6. 索氏抽提法测定脂肪时，水浴温度越高越有利于有机溶剂由液态变为气态，所

以温度越高越好。 ( )

7. 索氏抽提法测定脂肪时，有机溶剂加热回流提取时间为 4 h。 ( )

8. 索氏抽提法测定脂肪中，m_2 是接收瓶和脂肪质量，m_1 是接收瓶质量，m 是样品质量，则样品中脂肪含量（m_2-m_1）/（$m-m_1$）。 ( )

二、单项选择题

1. 索氏抽提法测定脂肪时，得到的脂肪是样品的（ ）。

A. 游离态和结合态脂肪　B. 结合态脂肪
C. 游离态脂肪　D. 细脂肪

2. 酸水解法测定脂肪时，样品经酸水解并用有机溶剂提取，除去溶剂后得到的脂肪是（ ）。

A. 游离态脂肪　B. 结合态脂肪　C. 粗脂肪　D. 总脂肪

3. 脂肪测定中，游离态脂肪含量高、结合态脂类含量较少的样品，应选用的检测方法是（ ）。

A. 索氏抽提法　B. 酸水解法　C. 碱水解法　D. 盖勃法

4. 脂肪测定中，能在碱性溶液中溶解的乳品检测方法是（ ）。

A. 索氏抽提法　B. 碱水解法　C. 酸水解法　D. 盖勃法

5. 食品检验中使用有机试剂加热回流处理样品时，所用的设备有（ ）。

A. 电炉　B. 电热帽
C. 酒精喷灯　D. 电热恒温水浴锅

6. 索氏抽提法测定脂肪时，索氏抽提器由（ ）组成。

A. 接收瓶、冷凝管、滤纸筒　B. 接收瓶、冷凝管、抽提管
C. 接收瓶、抽提管、滤纸筒　D. 冷凝管、抽提管、滤纸筒

7. 在蒸馏中作冷凝装置的冷凝管种类有（ ）。

A. 棕色、无色　B. 直形、球形、蛇形
C. 酸式、碱式　D. 磨口、广口、细口

8. 索氏抽提法测定脂肪时，所用试剂应是（ ）。

A. 蒸馏水　B. 乙醇　C. 无水乙醚　D. 丙酮

9. 索氏抽提法测定脂肪进行加热回流时，选用的方法为（ ）。

A. 水浴　B. 油浴　C. 沙浴　D. 以上都正确

10. 索氏抽提法测定脂肪时，滤纸筒高于回流弯管会导致检测结果（ ）。

A. 正常　B. 偏高　C. 偏低　D. 以上都有可能

11. 索氏抽提法测定脂肪时，样品应该经（　　）处理后用有机溶剂回流提取。

A. 均匀且酸解　　B. 分散且水解　　C. 分散且干燥　　D. 均匀且干燥

12. 索氏抽提法测定脂肪含量的正确步骤是（　　）。

A. 溶剂回流提取→回收溶剂→干燥→冷却→称量→恒重

B. 回收溶剂→溶剂回流提取→干燥→冷却→称量→恒重

C. 溶剂回流提取→干燥→回收溶剂→冷却→称量→恒重

D. 回收溶剂→干燥→溶剂回流提取→冷却→称量→恒重

13. 索氏抽提法测定脂肪时，接收瓶和脂肪质量 m_2=37.614 2 g，接收瓶 m_1=37.146 9 g，样品质量 m=3.104 4 g，则样品中脂肪的含量是（　　）。

A. 19.38%　　B. 19.4%　　C. 15.1%　　D. 1.53%

14. 索氏抽提法测定脂肪中，接收瓶和脂肪质量 W_2=36.184 4 g，接收瓶 W_1=35.986 4 g，样品质量 W=2.186 6 g，则样品中脂肪的含量是（　　）。

A. 9.08%　　B. 12.4%　　C. 12.41%　　D. 9.1%

三、简答题

1. 简述脂肪测定的常用方法。

2. 简述脂肪测定的常用仪器设备。

项目三　食品中蛋白质的测定

场景介绍

张三接到肉松检测计划单，要求按照肉松的检测标准进行蛋白质的测定，规范操作，认真填写原始记录，并完成单次检验结果报告。

肉松检测计划单

样品名称：肉松	请检部门：肉制品加工车间
批号：20190601	请验者：赵五
规格：250 g/ 袋，20 袋 / 箱	请验日期：2019 年 6 月 7 日
数量：250 g/ 袋 ×20 袋 / 箱 ×50 箱 =250 kg	检验项目：蛋白质测定
检验依据：GB 5009.5—2016《食品安全国家标准　食品中蛋白质的测定》第一法	

技能列表

序号	技能点	重要性
1	正确查询蛋白质测定检验标准及产品国家标准	★★★★
2	根据蛋白质测定的国家检测标准选用合适的检验设备及试剂	★★★
3	按照国家检测标准完成蛋白质的测定	★★★★★
4	按公式计算蛋白质含量和测定的精密度	★★★★
5	规范填写原始记录，并能判定单项检验结果	★★★

知识列表

序号	知识点	重要性
1	蛋白质测定的常用方法及其适用范围	★★★
2	蛋白质、含氮量、蛋白质换算系数、蛋白质消化等定义	★★★
3	蛋白质测定的常用方法	★★★
4	定氮法测定蛋白质的检测流程	★★★★
5	定氮法测定蛋白质含量和精密度计算的方法以及结果判定方法	★★★★★

知识准备

4.3.1 食品中蛋白质概述

1. 蛋白质的测定意义

蛋白质是生命的物质基础，是构成生物体细胞组织的重要成分，是生物体发育及修补组织的原料，对调节生理功能、维持新陈代谢有极其重要的作用。

食品中蛋白质含量的高低是食品质量的重要指标，对于评价食品的营养价值、开发利用食品资源、提高产品质量、控制生产过程等均具有极其重要的作用。

2. 蛋白质含量

蛋白质是一类复杂的含氮化合物，每种蛋白质都有其恒定的含氮量，一般在13%～19%。凯氏定氮法测定出的含氮量乘以换算系数，即为蛋白质含量。不同种类的食品，蛋白质含量分布是不均匀的，一般动物组织蛋白质含量高于植物组织。

3. 蛋白质换算系数

蛋白质是一种相对分子质量很大，变化范围也很大的生物分子。从蛋白质的组成元素来看，主要有碳、氢、氧、氮四种，并且含氮量比较恒定，各种蛋白质中氮的质量分数平均为16%，即1份N元素相当于6.25份蛋白质，此系数称为蛋白质换算系数，常见食物的蛋白质换算系数见表4–3–1。

表4–3–1　　常见食物的蛋白质换算系数

食物	蛋白质换算系数	食物	蛋白质换算系数
芝麻、向日葵	5.30	玉米、高粱	6.24
花生	5.46	大豆蛋白制品	6.25
面粉	5.70	肉与肉制品	6.25
大豆及其粗加工制品	5.71	复合配方食品	6.25
大麦、小米、燕麦、裸麦	5.83	纯乳与纯乳制品	6.38

4.3.2 蛋白质测定的常用方法

1. 凯氏定氮法

（1）适用范围。凯氏定氮法适用于各类食品中蛋白质的检测，但不适用添加无机含氮物（如硝酸盐等）、有机非蛋白质含氮物（如尿素、三聚氰胺等）食品中蛋白质的检测。

（2）测定原理。食品中的蛋白质在催化加热条件下被分解，产生的氨与硫酸结合生成硫酸铵。碱化蒸馏使氨游离，用硼酸吸收后用盐酸标准溶液滴定，根据盐酸的消耗量乘以换算系数，即为蛋白质的含量。

（3）测定步骤

1）样品消化。食品蛋白质与浓 H_2SO_4 混合加热，蛋白质被分解，其中的碳被氧化成 CO_2，所含的氮则转变成氨，并与 H_2SO_4 化合形成硫酸铵残留于消化液中。

$$2NH_2(CH_2)_2COOH+13H_2SO_4=(NH_4)_2SO_4+6CO_2\uparrow+12SO_2\uparrow+16H_2O$$

因上述消化反应速度慢，消化需要很长时间，可加入催化剂加快反应速度，$CuSO_4$ 是常用的催化剂，K_2SO_4 能提高溶液的沸点，常将它们混合使用，起加速氧化、促进有机物分解的作用。

2）样品蒸馏。消化所得的 $(NH_4)_2SO_4$ 加碱蒸馏，氨又被释放出来。

$$2NaOH+(NH_4)_2SO_4=2NH_3\uparrow+Na_2SO_4+2H_2O$$

加入 NaOH 溶液要过量，可用 $CuSO_4$ 作为碱性指示剂，以出现黑色 CuO 为宜。

3）样品吸收。蒸馏被释放出来的氨，可直接用硼酸溶液吸收。

$$2NH_3+4H_3BO_3=(NH_4)_2B_4O_7+5H_2O$$

硼酸吸收氨后，指示剂的颜色会发生变化，硼酸吸收氨前指示剂颜色是红色，硼酸吸收氨后指示剂颜色是绿色。指示剂选用甲基红－溴甲酚绿混合指示剂或甲基红－亚甲基蓝。

4）样品滴定。用 HCl 标准溶液滴定硼酸吸收液。

$$(NH_4)_2B_4O_7+5H_2O+2HCl=2NH_4Cl+4H_3BO_3$$

滴定终点颜色：如用 A 混合指示液（2 份甲基红乙醇溶液与 1 份亚甲基蓝乙醇溶液临用时混合），终点颜色为灰蓝色；如用 B 混合指示液（1 份甲基红乙醇溶液与 5 份溴甲酚绿乙醇溶液临用时混合），终点颜色为浅灰红色。同时做试剂空白实验。

（4）定氮蒸馏装置。定氮蒸馏装置主要由水蒸气发生器、反应室、冷凝管、接收瓶等部分组成，如图 4-3-1 所示。

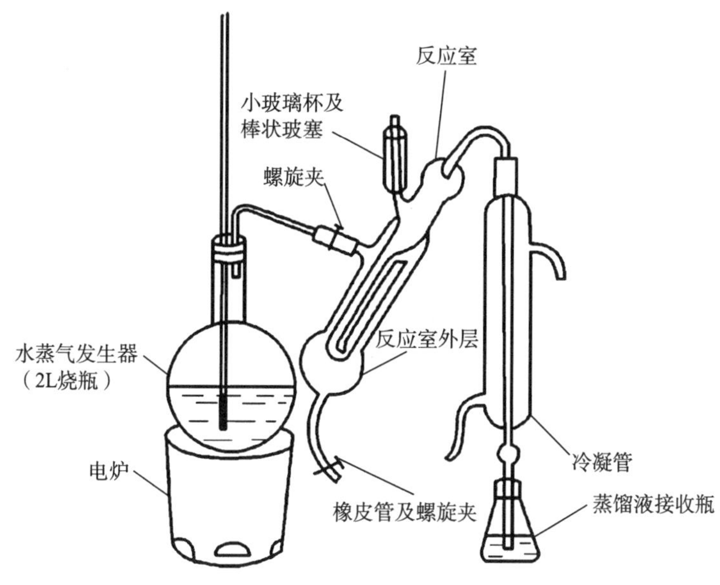

图 4-3-1　定氮蒸馏装置

按图 4-3-1 装好定氮蒸馏装置（注意玻璃器皿的磨口连接处要密封闭合，以防气体逸出），向水蒸气发生器内装水至 2/3 处，加入数粒玻璃珠，加甲基红乙醇溶液数滴及数毫升硫酸，以保持水呈酸性，加热煮沸水蒸气发生器内的水并保持沸腾。向接收瓶内加入 10 mL 硼酸溶液及 1 ~ 2 滴 A 混合指示剂或 B 混合指示剂，并使冷凝管的下端插入液面下，根据试样中氮含量，准确吸取 2 ~ 10 mL 试样处理液由小玻璃杯注入反应室，以 10 mL 水洗涤小玻璃杯并使之流入反应室内，随后塞紧棒状玻塞。将 10 mL 氢氧化钠溶液倒入小玻璃杯，提起玻塞使其缓缓流入反应室，立即将玻塞盖紧，并水封。夹紧螺旋夹，开始蒸馏。10 min 后移动蒸馏液接收瓶，液面离开冷凝管下端，再蒸馏 1 min。然后用少量水冲洗冷凝管下端外部，取下蒸馏液接收瓶。尽快以硫酸或盐酸标准溶液滴定至终点，如用 A 混合指示液，终点颜色为灰蓝色；如用 B 混合指示液，终点颜色为浅灰红色。同时做试剂空白实验。

2. 蛋白质测定仪法

（1）蛋白质测定仪的识别。蛋白质测定仪（KDN-04C 型）的操作界面，如图 4-3-2 所示，其配套消化管规格为 500 mL。

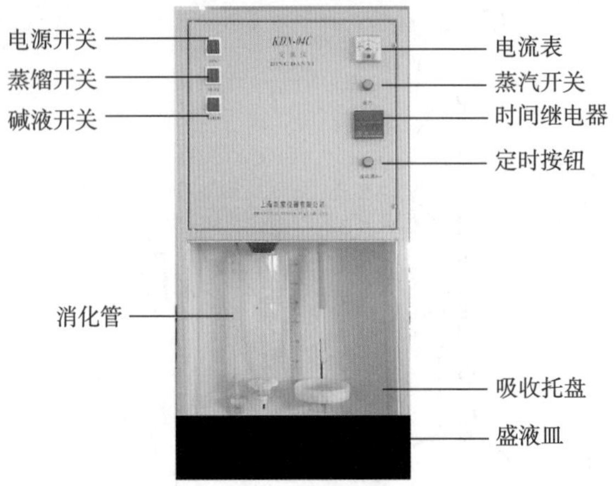

图 4-3-2　蛋白质测定仪

（2）蛋白质测定仪的使用

1）开机。通过透明玻璃窗观察蒸发炉内水位，水位不能超过不锈钢电极。如果超过，请先按绿色蒸汽开关把水排完，关掉排水阀，打开主电源，如图 4-3-3 所示。

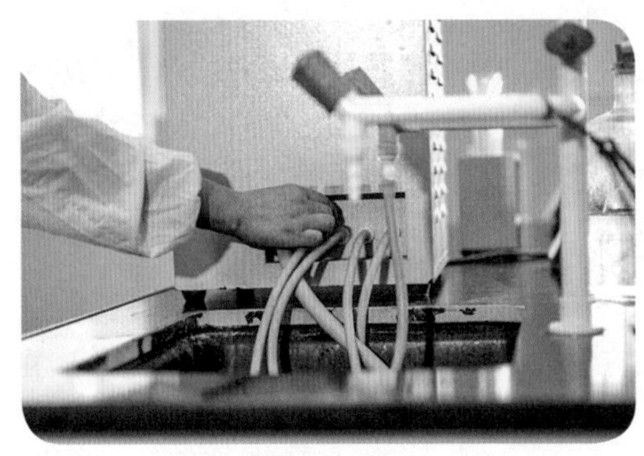

关掉排水阀

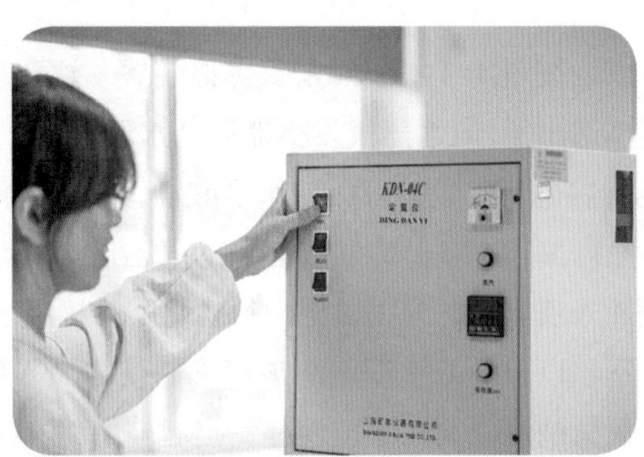

打开主机电源

图 4-3-3　蛋白质测定仪开机

2）进入正常待机状态。打开冷却水，打开绿色蒸汽开关，仔细观察电流表。等电流表指针升到 4 A 左右，关掉绿色蒸汽开关。待其回到 0 A 后再打开绿色蒸汽开关，电流升到 4 A 后再关掉。反复开、关绿色蒸汽开关，直到电流表指针稳定、蒸汽从塑料管内喷出，让其喷 30 s 左右，关掉绿色蒸汽开关，仪器进入正常待机状态。

任务实施

任务一　蛋白质测定的检验准备

操作步骤

步骤 1　检测标准查阅

查阅 GB 5009.5《食品安全国家标准　食品中蛋白质的测定》和 GB/T 23968《肉松》。

步骤 2　检测流程确定

样品制备→样品消化→蒸馏、吸收→滴定。

步骤 3　仪器设备、器皿及试剂准备

名称	规格与要求	数量
电子天平	感量为 0.1 mg，贴有计量检定有效标识	1 台
凯氏烧瓶	500 mL	3 个
蛋白质测定仪	KDN-04C 型，贴有计量检定有效标识	1 台
容量瓶	100 mL，贴有计量检定有效标识	3 个
接收瓶	150 mL 或 250 mL	3 个
吸量管	10 mL，贴有计量检定有效标识	5 支
酸式滴定管	50 mL，贴有计量检定有效标识	1 支
硫酸铜（$CuSO_4 \cdot 5H_2O$）	分析纯	100 g
硫酸钾（K_2SO_4）	分析纯	100 g
浓硫酸（H_2SO_4）	分析纯	60 mL
氢氧化钠溶液	400 g/L	200 mL
硼酸溶液	20 g/L	60 mL
盐酸标准滴定溶液	0. 05 mol/L	100 mL
混合指示液	A 混合指示液：2 份甲基红乙醇溶液与 1 份亚甲基蓝乙醇溶液临用时混合。B 混合指示液：1 份甲基红乙醇溶液与 5 份溴甲酚绿乙醇溶液临用时混合	60 mL
牛角匙	—	1 把
记号笔	—	1 支

步骤 4　检样的制备

肉松样品充分混匀，备用。

任务二　肉松中蛋白质测定

操作步骤

步骤 1　样品前处理

样品消化过程同“午餐肉样品蛋白质测定的前处理”。消化完成后，取下消化液放冷，小心加入 20 mL 水。继续放冷后，移入 100 mL 容量瓶中，并用少量水洗凯氏烧瓶，洗液一并转入容量瓶中，再加水至刻度，混匀备用。

步骤 2　蒸馏、吸收

操作流程	操作内容	操作说明
1. 安装接收瓶	接收瓶内加入 10 mL 硼酸溶液及混合指示剂 1～2 滴，使蛋白质测定仪的蒸汽导出管下端伸入锥形瓶底。	使蒸汽导出管的下端管口全部浸没于硼酸溶液中。
2. 加样品消化液	消化蒸馏管内准确加入 10 mL 样品消化液。	1. 消化蒸馏管需预先洗净。 2. 吸量管需预先洗净。

续表

操作流程	操作内容	操作说明
3. 安装消化蒸馏管 	把装有样品的消化蒸馏管安装在蛋白质测定仪上，关上蒸馏管安全罩。	消化蒸馏管上端紧密套住。
4. 加氢氧化钠溶液 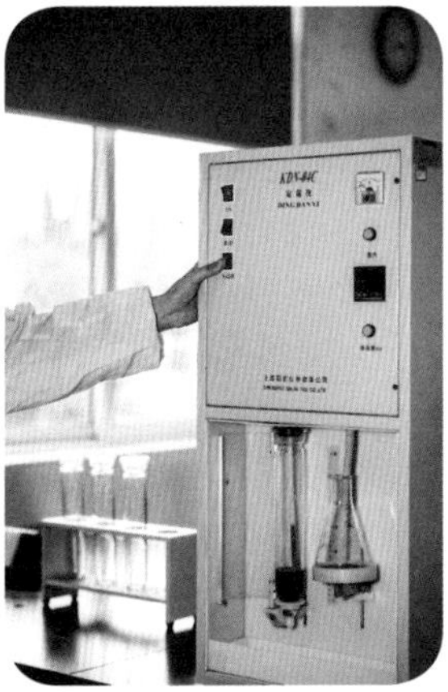	按碱液开关加 400 g/L 氢氧化钠溶液 20 mL。	—
5. 打开绿色蒸汽开关 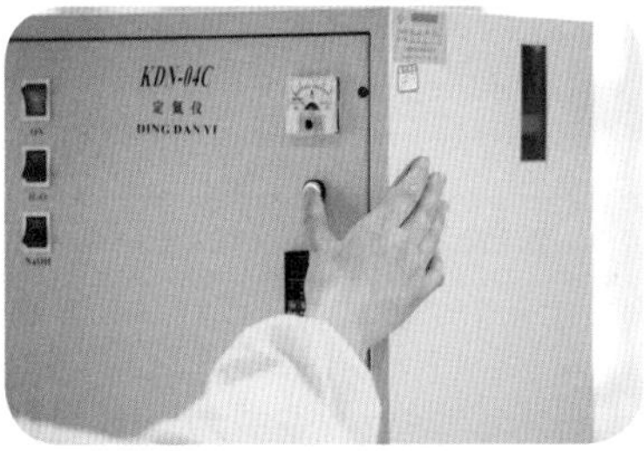	打开蒸汽开关键、定时按钮键进行蒸馏。	—

续表

操作流程	操作内容	操作说明
6. 蒸馏、吸收	蒸馏时间为 7 min，蒸馏完毕，接收瓶离开液面，用少量蒸馏水冲洗管口，关闭绿色蒸汽开关，仪器进入正常待机状态，取下硼酸吸收液接收瓶，待滴定。	蒸馏、吸收过程中，消化蒸馏管中液体的颜色由蓝变黑色；锥形瓶中液体颜色由暗红色变绿色。

步骤 3　滴定

操作流程	操作内容	操作说明
滴定	取下接收瓶，用 0.05 mol/L 的盐酸标准溶液滴定至灰蓝色或浅灰红色为终点，记录盐酸的消耗体积。	1. 接收瓶中溶液颜色：终点前为绿色，临近终点时为淡灰色；终点时为灰蓝色（使用 A 混合指示液）或浅灰红色（使用 B 混合指示液）。 2. 同时做空白试验，记录样品空白液消耗盐酸的体积。

任务三　原始记录填写

操作步骤

步骤 1　选用设备填写

选用设备名称及编号	状态标识

步骤 2　实验结果记录填写

项目名称	蛋白质测定	取样 / 检测日期	
样品名称		检验依据	
仪器名称		仪器编号	
环境温度 / 湿度（℃/%）		检测地点	
平行实验		1	2
样品质量 m	☑（g）		
	□（mL）		
样品消化液耗量 V_1（mL）			
空白试验标准溶液耗量 V_0（mL）			
标准溶液耗量 V（mL）			
计算公式：$X=\frac{c\times(V-V_0)\times0.014\times F\times100}{m\times\frac{V_1}{100}}$	计算过程		
蛋白质含量 X（g/100 g）			
蛋白质含量平均值			
蒸馏时间（min）		蒸馏体积（mL）	
HCl 标准溶液浓度 c（mol/L）		蛋白质换算系数 F	
精密度（%）			
标准值（g/100 g）			
单项检验结论			
备注		检验人	

小贴士

在重复性条件下获得的两次独立测定结果的绝对差值不得超过算术平均值的 10%；蛋白质含量≥1 g/100 g 时，计算结果保留 3 位有效数字；蛋白质含量 <1 g/100 g 时，计算结果保留 2 位有效数字。

精密度：在重复性条件下获得的两次独立测定结果的绝对差值不得超过算术平均值的 10%。

拓展内容

一、挥发性盐基氮的测定

挥发性盐基氮是指动物性食品由于酶和细菌的作用，在腐败过程中，使蛋白质分解而产生氨以及胺类等碱性含氮物质。

肉制品、水产品含有丰富的蛋白质和其他多种营养成分，给人类提供营养的同时，也是微生物良好的培养基。如果这些食品在加工、贮存、运输过程被微生物污染，微生物迅速大量繁殖，致使蛋白质分解而形成氨和胺类物质，而氨和胺类物质在碱性条件下，均具有挥发性，故称为挥发性盐基氮。通过测定肉制品中挥发性盐基氮含量的高低，可以判断肉类的新鲜程度，挥发性盐基氮是肉与肉制品、水产品等食品新鲜程度的重要指标。

挥发性盐基氮测定方法同半微量凯氏定氮法，详细见 GB 5009.228《食品安全国家标准　食品中挥发性盐基氮的测定》。

二、食品中总氮的测定

食品样品经消化后，食品蛋白质中的氮和非蛋白质中的氮均被测定，所以凯氏定氮法测定的是食品中总氮量。

蛋白质主要由氨基酸组成，其含氮量一般不超过 30%，而三聚氰胺的含氮量为 66% 左右。由于凯氏定氮法通过测出的含氮量来估算蛋白质含量，添加三聚氰胺会使食品中蛋白质测定含量偏高，从而使劣质食品通过食品检验。

三聚氰胺是小麦蛋白粉、大米蛋白粉、奶粉中的伪蛋白质，不可用于食品加工或食品添加物。

理论知识复习

一、判断题

1. 食品中的蛋白质是含氮的无机化合物。（　　）

2. 蛋白质测定中所用试剂溶液必须用去离子水配制。（　　）

3. 凯氏定氮法中定氮蒸馏装置使用时，玻璃器皿的磨口连接处要密封闭合，以防气体逸出。（　　）

4. 凯氏定氮法测定蛋白质时，无须做空白试验。（　　）

5. GB 5009.5《食品安全国家标准　食品中蛋白质的测定》中凯氏定氮法的计算结

果要求保留 3 位小数。（　　）

二、单项选择题

1. 在蛋白质测定的计算公式中，F 是氮换算为蛋白质的系数，一般食品为 6.25，大豆及其制品为（　　）。

A. 5.70　　B. 5.71　　C. 5.82　　D. 5.92

2. 氮是存在于蛋白质中的特征元素，一般食品中蛋白质的含量为（　　）。

A. 8% ~ 10%　　B. 10% ~ 15%

C. 13% ~ 19%　　D. 15% ~ 25%

3. 凯氏定氮法测定食品中蛋白质时，选用的吸收溶液是（　　）。

A. 磷酸溶液　　B. 硼酸溶液

C. 盐酸溶液　　D. 柠檬酸溶液

4. 凯氏定氮法测定食品中蛋白质蒸馏装置搭置时，在水蒸气发生瓶中加入 2/3 水、数粒玻璃珠、数滴甲基红指示剂以及数毫升（　　），以保持水呈酸性。

A. 氢氧化钠溶液　　B. 硫酸溶液

C. 硼酸溶液　　D. 氨水

5. 凯氏定氮法测定食品中蛋白质时，样品蒸馏过程中水蒸气发生器是（　　）。

A. 圆底烧瓶　　B. 凯氏烧瓶　　C. 接收瓶　　D. 锥形瓶

6. 凯氏定氮法测定食品中蛋白质时，样品消化所用仪器是（　　）。

A. 电炉　　B. 电炉和凯氏烧瓶

C. 电炉和凯氏蒸馏装置　　D. 凯氏烧瓶和凯氏蒸馏装置

7. 凯氏定氮法测定蛋白质过程中，蛋白质蒸馏时正确的是（　　）。

A. 反应室内液体发泡冲入接收瓶，实验结果不变

B. 反应室内液体发泡冲入接收瓶，实验结果偏高

C. 火力弱，蒸馏瓶中压力低，则接收瓶内液体会倒流，造成实验损失

D. 火力弱，蒸馏瓶中压力低，则接收瓶内液体会倒流，实验结果不变

8. 凯氏定氮法测定食品中蛋白质的操作步骤正确的是（　　）。

A. 消化→吸收→滴定→蒸馏　　B. 消化→蒸馏→吸收→滴定

C. 吸收→消化→蒸馏→滴定　　D. 蒸馏→消化→吸收→滴定

9. 在大米蛋白粉的蛋白质测定中，称量 2 g 大米蛋白粉，消化后将消化液定容至 100 mL 容量瓶中，取出 10 mL 溶液进行蒸馏，用 0.01 mol/L 的盐酸溶液进行滴定，消耗盐酸 4.7 mL，此大米蛋白粉中蛋白质含量是（空白 0.05 mL）（　　）。

A. 19.4%　　B. 24.87%　　C. 1.94%　　D. 2.49%

10. 凯氏定氮法测定食品中蛋白质时，其精密度要求是（　　）。

A. 1.5%　　B. 2%　　C. 1%　　D. 10%

三、简答题

1. 简述凯氏定氮法的测定步骤。
2. 简述蛋白质测定仪的使用方法。

第五章

食品微生物检测

食品中丰富的营养成分为微生物的生长、繁殖提供了充足的物质基础，是微生物良好的培养基。因而，微生物污染食品后很容易造成食品的变质，使其失去应有的营养成分。更重要的是，一旦人们食用了被有害微生物污染的食物，会发生各种急性和慢性中毒，甚至有致癌、致畸、致突变作用的远期效应。食品微生物检测是确保食品质量和食品安全的重要手段，也是食品安全标准中的重要内容。

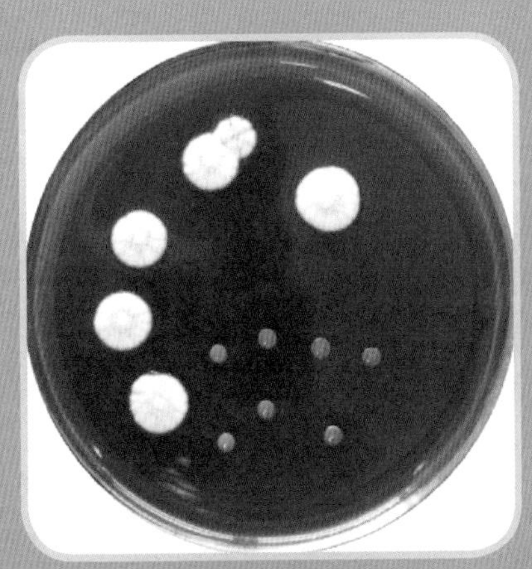

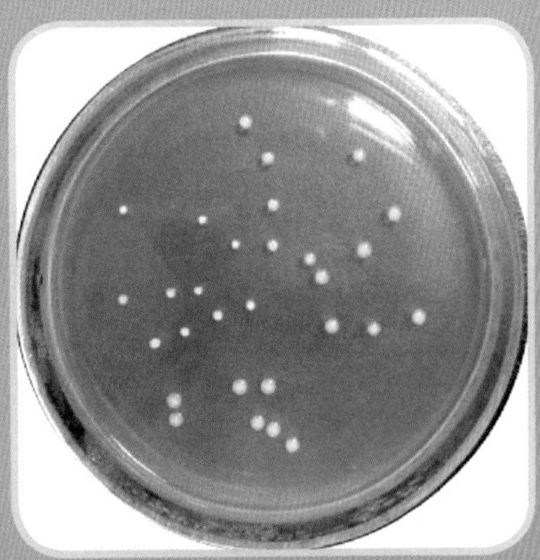

项目一　食品中菌落总数的测定

场景介绍

周二早晨，张三来到实验室主管办公室领取今天的样品检测计划单，根据检测计划单，张三今天的第一项工作任务是检测饼干的菌落总数。

饼干检测计划单

样品名称：饼干	请检部门：饼干加工车间
批号：20190908	请验者：赵五
规格：120 g/ 袋，10 袋 / 箱	请验日期：2019 年 9 月 10 日
数量：120 g/ 袋 ×10 袋 / 箱 ×50 箱 =60 kg	检验项目：菌落总数测定
检验依据：GB 4789.2《食品安全国家标准　食品微生物学检验　菌落总数测定》	

技能列表

序号	技能点	重要性
1	正确查询菌落总数测定检测标准及产品国家标准，并绘制检测操作流程图	★★★★
2	梳理菌落总数测定中所需的设备和材料，并独立完成培养基、试剂等器材的准备	★★★
3	按照国家检测标准完成菌落总数的测定	★★★★★
4	根据菌落总数计数规则和计算方法记录菌落总数并计算结果	★★★★
5	规范填写原始记录，并能判定单项检验结果	★★★

知识列表

序号	知识点	重要性
1	菌落总数的定义及测定意义	★★★
2	稀释倍数、稀释度、10 倍稀释的概念	★★★
3	菌落结果的计数范围及计数规则	★★★★
4	菌落结果的计算方法和结果判定方法	★★★★★

知识准备

5.1.1 菌落总数概述

1. 菌落总数的定义

菌落总数是指食品检样经过处理，在一定条件下（如培养基、培养温度、培养时间等）培养后，所得 1 mL（g）检样中形成的微生物菌落的总数。菌落是指单个或少量细菌在固体培养基表面繁殖形成肉眼可见的集团。

细菌总数是将食品经过适当处理（溶解和稀释）后，在显微镜下对细菌细胞数进行直接计数，这样计数的结果，既包括活菌，也包括尚未被分解的死菌体，因此称为细菌总数。目前我国食品安全标准中规定的细菌总数实际上是指菌落总数，即在平板计数琼脂培养基上长出的菌落数。

2. 菌落总数的测定意义

菌落总数主要作为判别食品被污染程度的标识，也可用以观察微生物在食品中繁殖的动态。菌落总数的测定一般用国际标准规定的平板计数法（SPC），所得结果只包含一群能在平板计数琼脂培养基上生长的嗜中温需氧菌和兼性厌氧菌的菌落总数（细菌生长的条件见表 5–1–1），并不表示样品中实际存在的所有微生物的菌落总数。菌落总数并不能区分微生物的种类，菌落总数标识着食品卫生质量的优劣，它反映食品在生产加工过程中是否符合卫生要求，以便对被检食品做出适当的安全性评价。食品标准中通常都有菌落总数的限量规定。

表 5–1–1　　微生物生长的条件

分类	培养温度	培养时间	氧气状况	营养条件
一般菌落总数	36 ℃ ± 1 ℃	48 h ± 2 h	需氧和兼性厌氧	平板计数琼脂培养基
特殊生理需求微生物	嗜冷或嗜热	缓慢生长的微生物	厌氧或微需氧菌	有特殊营养需求

5.1.2 稀释样液

1. 稀释倍数

稀释倍数是指稀释前溶液浓度除以稀释后的溶液浓度所得的结果，与稀释度呈倒数关系。例如，1 mL 茶饮料加 9 mL 的生理盐水，则稀释倍数为 10 倍。若 3 个稀释倍数分别是 10 倍稀释、100 倍稀释、1 000 倍稀释，那么 1 000 倍稀释就是最高稀释倍数，10 倍稀释就是最低稀释倍数。

2. 稀释度

稀释度是指溶液被冲淡的程度，与稀释倍数呈倒数关系。例如，1 mL 茶饮料加 9 mL 的生理盐水，则稀释度为 1∶10。三个稀释度分别是 10^{-1}、10^{-2}、10^{-3}，那么 10^{-3} 稀释度就是最高稀释度，10^{-1} 稀释度就是最低稀释度。

3. 10 倍稀释法

10 倍稀释法是将样品浓度呈 10 倍梯度进行稀释的过程，是微生物检验过程中常用的样品稀释方法，如图 5-1-1 所示。

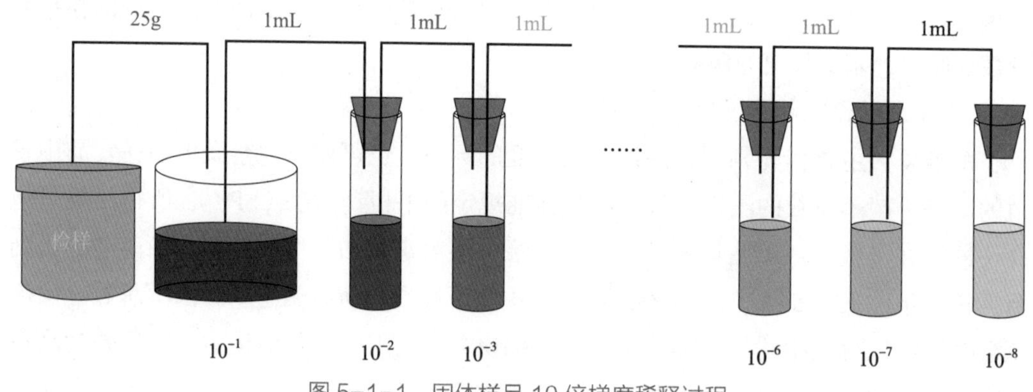

图 5-1-1　固体样品 10 倍梯度稀释过程

（1）10^{-1} 稀释样液：25 g 原样 +225 mL 稀释液。

（2）10^{-2} 稀释样液：1 mL 10^{-1} 样品匀液 +9 mL 稀释液。

（3）10^{-3} 稀释样液：1 mL 10^{-2} 样品匀液 +9 mL 稀释液。

5.1.3　菌落计数

1. CFU 的定义

CFU（Colony-Forming Units）是微生物检测中计量菌落数目的一个国际单位。

2. 菌落计数规则与注意事项

（1）计数规则

1）菌落计数时，应选取菌落数在 30～300 CFU 之间、无蔓延菌落生长的平板作为菌落总数测定的标准。低于 30 CFU 的平板记录具体菌落数；大于 300 CFU 的可记录为多不可计，每个稀释度使用两个平板，应采用两个平板的平均值。

2）若其中一个有较大片状菌落生长时，则不宜采用，而应以无片状菌落生长的平板作为该稀释度的菌落数，若片状菌落生长不到平板一半，而其余一半中菌落分布又很均匀，可计算半个平板后乘以 2 代表全皿菌落数。

3）当平板上出现菌落间无明显界线链状生长时，则将每条链作为一个菌落计数。

4）若在一个稀释度的两个平板中，一个平板的菌落数在 30～300 CFU 之间，另一个大于 300 CFU 或小于 30 CFU 时，则以菌落数在 30～300 CFU 之间的平板作为计数的标准。

5）当空白平板长菌，本次检测记录无效。

（2）注意事项

1）如果高稀释度平板上的菌落数比低稀释度平板上的菌落数高，则说明检验过程中可能出现差错或样品中含抑菌物质，这样的结果不可用于结果报告。

2）如果平板上出现链状菌落，菌落间没有明显的界限，可能是琼脂与检样混匀时，一个细菌块被分散所造成的。一条链作为一个菌落计。若培养过程中遭遇昆虫侵入，在昆虫爬行过的地方也会出现链状菌落，也不应分开计数。

3）如果平板上菌落太多，不能计数时，不建议采用多不可计做报告。可以在最高稀释度平板上任意选取 2 个 1 cm^2 的面积，计算菌落数，除以 2 求出 1 cm^2 面积内平均菌落数，乘以 63.6（皿底面积，单位为 cm^2）和稀释倍数即为菌落总数。

4）如果检样是微生物类制剂（酸牛奶、酵母制酸性饮料等），在进行菌落计数时应将有关微生物（乳酸菌、酵母菌）排除，不可并入检样的菌落总数内做报告。

5）每个样品从开始稀释到倾注最后一个平板的时间不得超过 15 min，目的是使菌落能在平板上均匀分布。若时间过长，样液可能由于干燥而贴在平板上，倾注琼脂后不易摇开，容易产生片状菌落，影响菌落计数。

6）琼脂凝固后不要在室温下长时间放置，应及时将平皿倒置培养，避免菌落的蔓延生长。

5.1.4 结果与报告

1. 菌落总数的计算

（1）若只有一个稀释度平板上的菌落数在适宜计数范围内，计算两个平板菌落数的平均值，再将平均值乘以相应稀释倍数，作为 1 g（mL）样品中菌落总数结果。

（2）若有两个连续稀释度的平板菌落数在适宜计数范围内，按以下公式计算：

$$N=\frac{\sum C}{(n_1+0.1n_2)\,d}$$

式中 N——样品中菌落数；

$\sum C$——平板（含适宜范围菌落数的平板）菌落数之和；

n_1——第一稀释度（低稀释倍数）平板个数；

n_2——第二稀释度（高稀释倍数）平板个数；

d——稀释因子（第一稀释度）。

示例：

稀释度	10^{-2}（第一稀释度）		10^{-3}（第二稀释度）	
菌落数（CFU）	235	246	32	35

$$N=\frac{\sum C}{(n_1+0.1n_2)\,d}=\frac{(235+246+32+35)}{[2+(0.1\times 2)]\times 10^{-2}}=\frac{548}{0.022}\approx 24\,909$$

结果表示为：25 000 或 2.5×10^4。

（3）若所有稀释度的平板上菌落数均大于 300 CFU，则对稀释度最高的平板进行计数，其他平板可记录为多不可计，结果按平均菌落数乘以最高稀释倍数计算。

（4）若所有稀释度的平板菌落数均小于 30 CFU，则应按稀释度最低的平均菌落数乘以稀释倍数计算。

（5）若所有稀释度（包括液体样品原液）平板均无菌落生长，则以小于 1 乘以最低稀释倍数计算。

（6）若所有稀释度的平板菌落数均不在 30～300 CFU 之间，其中一部分小于 30 CFU 或大于 300 CFU 时，则以最接近 30 CFU 或 300 CFU 的平均菌落数乘以稀释倍数计算。

2. 菌落总数的报告

（1）菌落数小于 100 CFU 时，按“四舍五入”原则修约，以整数报告。

（2）菌落数大于或等于 100 CFU 时，第 3 位数字采用“四舍五入”原则修约后，取前 2 位数字，后面用 0 代替位数；也可用 10 的指数形式来表示，按“四舍五入”原则修约后，采用 2 位有效数字。

（3）若所有平板上为蔓延菌落而无法计数，则报告菌落蔓延。

（4）若空白对照上有菌落生长，则此次检测结果无效。

（5）称重取样以 CFU/g 为单位报告，体积取样以 CFU/mL 为单位报告。

任务实施

任务一　菌落总数测定的检验准备

操作步骤

步骤 1　检测标准查阅

查阅 GB 4789.2《食品安全国家标准　食品微生物学检验　菌落总数测定》和 GB 7100《食品安全国家标准　饼干》。

步骤 2　检测流程图绘制

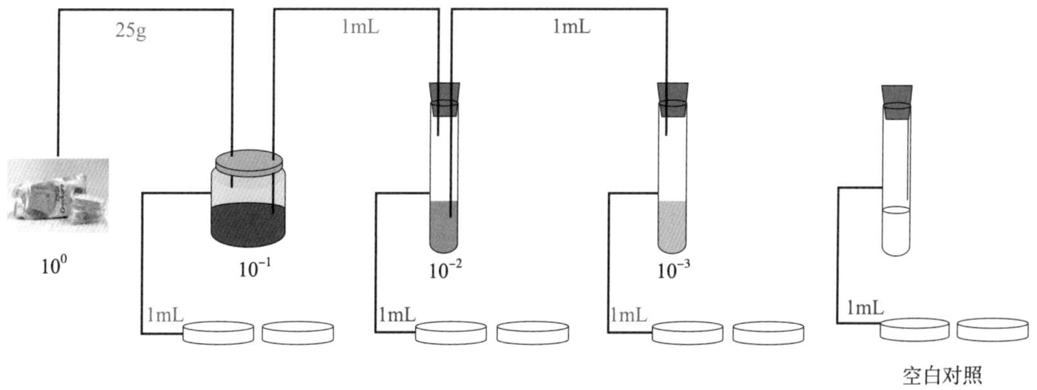

步骤 3　仪器设备及器材准备

准备材料，需灭菌的器材、试剂与培养基选择合适的方式进行灭菌处理，灭菌后转移至无菌室中，待用。以下耗材为 1 份检测样品用量，实际操作为 5 份样品。

名称	规格与要求	数量
高压蒸汽灭菌锅	贴有计量检定有效标识	1台
恒温培养箱	36 ℃ ±1 ℃，贴有计量检定有效标识	1台
电子天平	感量 0.1 g，贴有计量检定有效标识	1台
恒温水浴锅	46 ℃ ±1 ℃，贴有计量检定有效标识	1台
无菌均质杯	容量 250 mL，内置 225 mL 磷酸盐缓冲液或生理盐水	1个
无菌吸量管	1 mL，置于不锈钢吸量管筒内	4支
无菌不锈钢镊子	置于灭菌饭盒内	1把
无菌剪刀	置于灭菌饭盒内	1把
无菌不锈钢勺子	置于灭菌饭盒内	1把
无菌过滤网	包扎好	1个
试管架	用于放置口径 18 mm、长度 180 mm 试管，具有 5×10 孔	1个
无菌培养皿	直径 90 mm，置于不锈钢平皿筒	8套
消毒棉球	75% 酒精浸泡	1瓶
打火机	—	1个
橡胶乳头	1 mL	1个
洗耳球	30 mL	1个
记号笔	—	1支
酒精灯	—	1盏
无菌平板计数琼脂培养基	200 mL，置于三角烧瓶内，牛皮纸包扎瓶口	1瓶
无菌磷酸盐缓冲液或无菌生理盐水	9 mL，置于口径 18 mm、长度 180 mm 的试管	3支

步骤 4　饼干检样制备

饼干样品直接在原包装里拍打粉碎即可，一般不用粉碎机。

任务二　饼干中菌落总数测定

操作步骤

步骤 1　样品稀释

操作流程	操作内容	操作说明
1. 10^{-1} 稀释液制备	称取 25 g 样品置于盛有 225 mL 磷酸盐缓冲液或生理盐水的无菌均质杯内，均质速度为 8 000～10 000 r/min，均质 1～2 min，制成 10^{-1} 的样品匀液。	1. 均质杯内预置适当数量的无菌玻璃珠。 2. 若使用均质袋，配套使用拍打器均质。
2. 10^{-2} 稀释液制备	用 1 mL 无菌吸管或微量移液器吸取 10^{-1} 样品匀液 1 mL，沿管壁缓慢注于盛有 9 mL 稀释液的无菌试管中，摇匀制成 10^{-2} 的样品匀液。	1. 放液时，注意吸管或吸头尖端不要触及稀释液面。 2. 摇匀时，振摇试管或换用 1 支无菌吸管反复吹打，使其混合均匀。
3. 10^{-3} 稀释液制备	用 1 mL 无菌吸管或微量移液器吸取 10^{-2} 样品匀液 1 mL，沿管壁缓慢注于盛有 9 mL 稀释液的无菌试管中，摇匀制成 10^{-3} 的样品匀液。	注意更换 1 支 1 mL 无菌吸管或吸头。

步骤 2　样品接种

操作流程	操作内容	操作说明
1. 滴加平皿	三个连续稀释度的样品匀液，在进行 10 倍递增稀释时，吸取 1 mL 样品匀液于无菌平皿内，每个稀释度做两个平皿。	1. 样液稀释与滴加应同步，要边稀释边滴加。 2. 分别吸取 1 mL 空白稀释液加入两个无菌平皿内做空白对照。
2. 制平板	将 15 ~ 20 mL 冷却至 46 ℃的平板计数琼脂培养基倾注平皿，并转动平皿使培养基与样品混合均匀。	1. 培养基倾注时不可滴落、洒落在培养皿边缘，以免造成污染。 2. 培养基倾注完，马上混匀，确保平板表面平整。

步骤 3　恒温培养

操作流程	操作内容	操作说明
恒温培养	待琼脂凝固后，将平板翻转，置于 36 ℃ ± 1 ℃恒温培养箱中，培养 48 h ± 2 h。	1. 平板翻转前，必须确定培养基已凝固。 2. 若样品中可能含有在琼脂培养基表面弥漫生长的菌落时，可在凝固后的琼脂表面覆盖一薄层琼脂培养基（约 4 mL），凝固后翻转，再培养。

任务三　结果观察与原始记录填写

操作步骤

步骤 1　菌落计数

操作流程	操作内容	操作说明
菌落计数	可用肉眼直接观察，必要时用放大镜或菌落计数器，记录稀释倍数和相应的菌落数量。菌落计数以菌落形成单位 CFU 表示。	1. 先观察空白对照，若空白对照长菌，记录“本次检测无效”。 2. 计数时可用记号笔标记计数，确保无遗漏。 3. 将计数结果直接填入原始记录表。

步骤 2　原始记录填写

1. 选用设备填写

选用设备名称、编号及状态标识	选用培养基、试剂

2. 原始记录表填写

样品名称	饼干	检验方法依据	
样品编号		样品性状	
样品数量		检验地点	
培养条件	温度： 时间：	检验日期	

续表

检验结果记录

序号	稀释度	10^{-1}		10^{-2}		10^{-3}		空白		检测结果
1	实测值									
	平均值									
2	实测值									
	平均值									
3	实测值									
	平均值									
4	实测值									
	平均值									
5	实测值									
	平均值									
标准值										
单项检验结论										
备注						检验人				

3. 检测结果判定

计算每一份饼干样品的检验结果值，并从 GB 7100《食品安全国家标准　饼干》中查找标准值，与结果值进行比较，判定单项检测结论。

知识链接

采样方案

采样方案分为二级和三级采样方案。二级采样方案设有 n、c 和 m 值，三级采样方案设有 n、c、m 和 M 值。目前，菌落总数检测大多数采用三级采样方案。

n：同一批次产品应采集的样品件数；

c：最大可允许超出 m 值的样品数；

m：微生物指标可接受水平的限量值；

M：微生物指标的最高安全限量值。

按照三级采样方案设定的指标，在 n 个样品中，允许全部样品中相应微生物指标检验值小于或等于 m 值；允许有 c 个样品的相应微生物指标检验值在 m 值和 M 值之间；不允许有样品的相应微生物指标检验值大于 M 值。

例如：n=5，c=2，m=100 CFU/g，M=1 000 CFU/g。表示从一批产品中采集 5 个样品，若 5 个样品的检验结果均小于或等于 m 值（≤100 CFU/g），则这种情况是允许的；若 2 个样品的结果（X）位于 m 值和 M 值之间（100 CFU/g<X≤1 000 CFU/g），则这种情况也是允许的；若有 3 个及以上样品的检验结果位于 m 值和 M 值之间，则这种情况是不允许的；若有任一样品的检验结果大于 M 值（>1 000 CFU/g），则这种情况也是不允许的。

拓展内容

一、饮料中菌落总数测定

1. 检测标准查阅

查阅 GB 4789.2《食品微生物学检验　菌落总数测定》和 GB 7101《食品安全国家标准　饮料》。

2. 检测流程图绘制

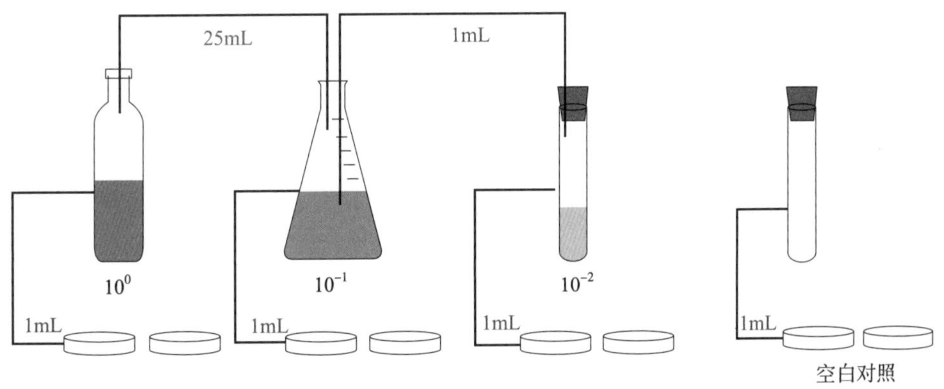

3. 样品稀释

操作流程	操作内容	操作说明
1. 10^{-1} 稀释液制备	吸取 25 mL 样品置于盛有 225 mL 磷酸盐缓冲液或生理盐水的无菌锥形瓶内，摇匀，制成 10^{-1} 的样品匀液。	1. 样品开封前要摇匀。 2. 用过的吸管置于消毒缸中。
2. 10^{-2} 稀释液制备	用 1 mL 无菌吸管或微量移液器吸取 10^{-1} 样品匀液 1 mL，沿管壁缓慢注于盛有 9 mL 稀释液的无菌试管中，摇匀制成 10^{-2} 的样品匀液。	注意更换 1 支 1 mL 无菌吸管或吸头。

4. 样品接种与培养

同“饼干中菌落总数测定”。

5. 结果观察与报告

同“饼干中菌落总数测定”，报告单位变更为“CFU/mL”。

二、对照试验

1. 杂质试验

加入平皿内的检样液（特别是 10^{-1} 的稀释液），往往带有食品颗粒（如奶粉、坚果），在这种情况下，为避免与细菌菌落混淆，可做一检样对照将稀释液与平板计数琼脂培养基混合，不经培养，置 4 ℃环境放置，在计数时用于对照。另外也可以在已融化而保温在 46 ℃ ±1 ℃水浴内的平板计数琼脂培养基中，每 100 mL 加 1 mL 0.5% 氯化三苯四氮唑（TTC）水溶液，培养后食品颗粒不变色，细菌为红色。

2. 空白对照

在平皿内只加入平板计数琼脂培养基，不加检样液，用以判定稀释液、培养基、平皿或吸管可能存在的污染。同时，检验过程中应在工作台上打开一块空白的平板计数琼脂平皿，其暴露时间应与检验时间相当，以了解检样在检验过程中有无受到来自空气的污染。

三、菌落培养

1. 为防止细菌繁殖及产生片状菌落，在加入样液后，应在 15 min 内倾注培养基。检样与培养基混匀时，可先向一个方向旋转，然后再向相反方向旋转。旋转中应防止混合物溅到皿边的上方。

2. 培养基倾注的温度与厚度是检验正确与否的关键。一般水浴和倾注温度在 46 ℃ ±1 ℃，温度过高会造成已受损伤的细菌细胞死亡，过低会导致琼脂发生轻微凝固。直径 9 cm 的平皿一般要求倾注 15～20 mL 培养基，若培养基太薄，在培养过程中可能因水分蒸发而影响细菌的生长。培养基凝固后，应尽快将平皿翻转培养，保持琼脂表面干燥，尽量避免菌落蔓延生长，影响计数。

3. 每种不同样品中的细菌都有一定的生理特性，培养时应用不同的营养条件及生理条件可能得出不同的结果，因而应根据检测标准的要求选择适当的培养温度和培养时间。

食品：36 ℃ ± 1 ℃，48 h ± 2 h。

饮用水：36 ℃ ± 1 ℃，48 h ± 2 h。

水产品（指原生态、未加工的水产品）：30 ℃ ± 1 ℃，72 h ± 3 h。（36 ℃培养和30 ℃培养结果差别较大，同种水产品 48 h 结果和 72 h 培养结果也有较大差别。）

理论知识复习

一、判断题

1. 平板计数法是食品中菌落总数测定的一种间接计数法。（　　）

2. 现行国家标准中，菌落总数测定所用的培养基是营养琼脂。（　　）

3. 菌落总数测定用来判定食品被细菌污染的程度及其卫生质量，它反映食品在生产加工过程中是否符合卫生要求，以便对被检食品做出适当的卫生学评价。（　　）

4. 菌落总数所得结果只包含一类能在平板计数琼脂培养基上生长的嗜中温需氧菌的菌落总数，并不表示样品中实际存在的所有细菌的菌落总数。（　　）

5. 稀释度是溶液被冲淡的程度，10^{-1} 稀释度指样品被稀释了 10 倍。（　　）

6. 菌落总数测定在制备 10 倍递增稀释液时，每递增稀释一次即换用 1 支 10 mL 灭菌吸管。（　　）

7. 菌落总数培养时，如果样品中可能含有在琼脂培养基表面弥漫生长的菌落时，可在倾注凝固后的琼脂表面覆盖一薄层琼脂培养基，凝固后翻转平板，按培养条件培养。（　　）

8. 菌落计数以菌落形成单位表示。（　　）

9. 当平板上出现菌落间无明显界线的链状生长时，则将每条单链作为一个菌落计数。（　　）

10. 若所有平板上为蔓延菌落而无法计数，则报告菌落蔓延。（　　）

二、单项选择题

1. 平板计数法简称（　　），是最常见的一种菌落计数法。

A. SAC　　B. PCA　　C. PAC　　D. SPC

2. 菌落总数是指食品检样经过处理，在一定条件下培养后，所得每（　　）检样中形成的微生物菌落总数。

A. 0.1 g（mL）　　B. 1 g（mL）

C. 10 g（mL）　　D. 100 g（mL）

3. 碳酸饮料在做菌落总数测定时，1∶10 的样品匀液是以无菌吸管吸取（　　）制备的。

A. 1 mL 样品沿管壁缓慢注于盛有 9 mL 稀释液的无菌试管中

B. 10 mL 样品沿管壁缓慢注于盛有 90 mL 稀释液的无菌试管中

C. 25 mL 样品沿管壁缓慢注于盛有 225 mL 稀释液的无菌玻璃瓶中

D. 25 mL 样品沿管壁缓慢注于盛有 250 mL 稀释液的无菌玻璃瓶中

4. 菌落总数测定所用无菌生理盐水的浓度是（　　）。

A. 75%　　B. 0.75%

C. 85%　　D. 0.85%

5. 菌落总数测定在样品制备、稀释时，称取 25 g 样品置于盛有（　　）mL 磷酸盐缓冲液的无菌均质杯内均质。

A. 175　　B. 200　　C. 225　　D. 250

6. 菌落总数的测定程序为（　　）。

A. 检样稀释→平皿滴加→倾注培养基→培养→计数报告

B. 检样稀释→倾注培养基→平皿滴加→培养→计数报告

C. 检样稀释→倾注培养基→培养→平皿滴加→计数报告

D. 检样稀释→培养→倾注培养基→平皿滴加→计数报告

7. 菌落总数测定样液接种后，及时将凉至（　　）℃的平板计数琼脂培养基倾注平皿，并转动平皿使其混合均匀。

A. 40　　B. 44　　C. 46　　D. 48

8. 测定未加工水产品中菌落总数时所用恒温培养箱的温度是（　　）。

A. 36 ℃ ±1 ℃　　B. 36 ℃ ±2 ℃

C. 30 ℃ ±1 ℃　　D. 30 ℃ ±2 ℃

9. 菌落总数测定所用恒温水浴锅的温度是（　　）。

A. 45 ℃ ±1 ℃　　B. 45 ℃ ±2 ℃

C. 46 ℃ ±1 ℃　　D. 46 ℃ ±2 ℃

10. 测定菌落总数时，样品稀释注入平板时，操作正确的是（　　）。

A. 全部稀释好再注入　　B. 一边稀释一边注入

C. 先注入再稀释　　D. 先后顺序无关紧要

三、简答题

1. 简述菌落总数的测定意义。

2. 简述菌落计数规则。

项目二　食品中大肠菌群的测定

场景介绍

周三，张三接到实验室主管分配的检测任务——蛋白质粉中大肠菌群计数，具体见检测计划单。

蛋白质粉检测计划单

样品名称：蛋白质粉	请检单位：某食品股份有限公司
批号：20190904	请验者：赵五
规格：500 g/ 袋，10 袋 / 箱	请验日期：2019 年 9 月 11 日
数量：500 g/ 袋 ×10 袋 / 箱 ×1 箱 =5 kg	检验项目：大肠菌群计数
检验依据：GB 4789.3《食品安全国家标准　食品微生物学检验　大肠菌群计数》	

技能列表

序号	技能点	重要性
1	正确查询大肠菌群测定检测标准及产品国家标准，并绘制检测操作流程图	★★★★
2	梳理大肠菌群测定中所需的设备和材料，并独立完成培养基、试剂等器材的准备	★★★
3	按照国家检测标准完成大肠菌群的测定	★★★★★
4	根据检测结果查阅 MPN 检索表并正确报告	★★★★
5	规范填写原始记录，并能判定单项检验结果	★★★

知识列表

序号	知识点	重要性
1	食品中大肠菌群测定的国家标准	★★★
2	大肠菌群的定义及检测意义	★★★
3	LST 肉汤和 BGLB 肉汤的配制方法	★★★
4	稀释度、检样量、接种量的区别与联系	★★★
5	MPN 计数法发酵试验原理及产气现象	★★★★
6	MPN 值的检查	★★★★

知识准备

5.2.1 大肠菌群概述

1. 大肠菌群的定义

大肠菌群是指在一定培养条件下能发酵乳糖、产酸产气的需氧和兼性厌氧的革兰氏阴性无芽孢杆菌，主要包括肠杆菌科中的埃希氏菌属、柠檬酸杆菌属、克雷伯氏菌属和肠杆菌属。

大肠菌群以埃希氏菌属为主，埃希氏菌属被称为典型大肠杆菌。大肠菌群都是直接或间接来自于人和温血动物的粪便（间接：可能来自典型大肠杆菌排出体外 7～30 天后在环境中的变异），所以食品中检出大肠菌群，即可表示食品受到了人或温血动物的粪便污染，其中检测结果大部分为典型大肠杆菌的为粪便近期污染，检测出其他菌属的则可能为粪便的陈旧污染。

2. 大肠菌群的测定意义

（1）食品被粪便污染的指示菌。大肠菌群最初只是作为肠道致病菌而被用于水质的检验，现已被广泛用作食品安全质量检验的指示菌。大肠菌群的食品卫生学意义是作为食品被粪便污染的指示菌，当食品中的粪便含量达到 10^{-3} mg/kg 即可检出大肠菌群。

知识链接

食品被粪便污染的理想指示菌特征

1. 仅来自于人或动物的肠道，并在肠道中占有极高的数量。

2. 在肠道以外的环境中，具有与肠道致病菌相同的抵抗外界不良因素的能力，并能生存一定时间，且生存时间应与肠道致病菌大致相同或稍长。

3. 比较容易培养、分离和鉴定。

大肠菌群比较符合以上要求。然而由于大肠菌群不适宜低温生长，特别是在冰冻条件下容易死亡，因此把大肠菌群作为冷冻食品的粪便污染指示菌并不理想。由于肠球菌对冷冻条件有较强的抵抗力，因而有人建议以肠球菌作为冷冻食品的粪便污染指示菌更为合适。

（2）食品被肠道致病菌污染的指示菌。在肠杆菌科里，沙门氏菌属和志贺氏菌属是引起食物中毒的重要肠道致病菌，鉴于大肠菌群与肠道致病菌来源相同，而且一般在外环境中生存时间也基本一致，所以大肠菌群的另一个重要食品卫生学意义是作为肠道致病菌污染食品的指示菌。食品中检出大肠菌群，只能说明有肠道致病菌存在的可能性；但只要食品中检出大肠菌群，则说明有粪便污染，即使无病原菌，该食品仍可被认为是不卫生的。

5.2.2 培养基配制

1. LST 肉汤

配制 1 L LST（月桂基硫酸盐胰蛋白胨）肉汤所需各成分的用量及作用见表 5–2–1。接商品化脱水 LST 肉汤培养基标签上用法说明“称取本品 36 g 溶解于 1 000 mL 蒸馏水中，煮沸溶解”。按照这个比例制备的是单料 LST 肉汤，双料管是 2 份培养基加 1 份蒸馏水，即 72 g LST 肉汤固体粉末溶解于 1 000 mL 蒸馏水中。当接种量≤1 mL 时用单料 LST 肉汤，>1 mL 时用双料 LST 肉汤。无论是单料还是双料，每管分装 10 mL，且放置杜氏小管（观察管内产气情况）。

表 5–2–1　　LST 肉汤配方

名称	用量	作用
胰酪蛋白胨	20 g	提供大肠菌群生长发育所需的氮源、维生素
氯化钠	5 g	可维持均衡的渗透压
乳糖	5 g	提供发酵所需的碳源
磷酸二氢钾	2.75 g	维持缓冲体系
磷酸氢二钾	2.75 g	维持缓冲体系
月桂基硫酸钠	0.1 g	抑制非大肠菌群的生长
pH 值	6.8 ± 0.2	

2. BGLB 肉汤

配制 1 L BGLB（煌绿乳糖胆盐）肉汤所需各成分的用量及作用见表 5–2–2。按商品化脱水 BGLB 肉汤培养基标签用法说明配制，配制好的 BGLB 肉汤分装到放置杜氏小管的试管中，每管 10 mL。

表 5-2-2　　BGLB 肉汤配方

名称	用量	作用
蛋白胨	10 g	提供大肠菌群生长发育所需的氮源、碳源
乳糖	10 g	提供发酵所需的碳源
牛胆粉	20 g	抑制非肠杆菌科细菌
煌绿	0.013 3 g	抑制非肠杆菌科细菌，此处不作为指示剂使用
pH 值	7.2 ± 0.1	

知识链接

胆盐与煌绿

1. 胆盐

胆盐是一种胆酸的钠盐，是胆酸的羧基和甘氨酸（$C_2H_5NO_2$）或牛磺酸（$C_2H_7NO_3S$）的氨基，通过酰胺键结合而成。

（1）可降低培养基与细菌细胞膜界面上的表面张力，使细胞膜紊乱，导致细菌自溶。

（2）肠杆菌科细菌在肠道内长期与胆汁接触，对胆盐有一定的抵抗力，合适的胆盐量能促进该科细菌的生长。

（3）胆盐遇酸生成沉淀，使菌落色素不致扩散，从而有利于鉴别。

（4）胆盐中含有一定量的胆红素、黏蛋白、色氨酸，对不受胆盐抑制的细菌生长有营养作用。

2. 煌绿（亮绿）

煌绿可抑制革兰氏阳性菌和大多数非沙门氏菌的革兰氏阴性杆菌，通常抑制发酵乳糖、蔗糖的细菌。煌绿和枸橼酸钠对大肠菌的生长、菌体蛋白质的合成和糖的利用都有显著的抑制作用，以煌绿的作用为较强。枸橼酸钠能抑制大肠菌的呼吸，而煌绿的抑制作用较弱。

5.2.3 检样量与接种量

检样量是指检测时接种到培养基中样品的实际数量。例如，吸取 10 mL 样品原液接种于 LST 肉汤双料管中，则 10 mL 样品原液即为检样量。

接种量是指检测时接种到培养基中所有物质的量，包括样品、稀释液等。

例如，吸取 10 mL 样品原液接种于 LST 肉汤双料管中，则 10 mL 样品原液既是检样量又是接种量；吸取 1 mL 稀释度为 10^{-1} 的保健饮料样液接种于 LST 肉汤单料管中，则吸取的 1 mL 接种量中 0.1 mL 是检样量，而剩余的 0.9 mL 则是稀释液。

$$检样量 = 接种量 \times 稀释度$$

5.2.4 发酵试验与产气

1. 发酵试验

（1）发酵试验的定义。微生物能在不同条件下对不同物质进行发酵。微生物发酵不仅应用于工业生产，也应用于细菌学检验。用于细菌学检验的发酵试验有很多，糖类发酵试验是鉴定细菌最主要、最基本的试验，特别是对肠杆菌科细菌的鉴定。大肠菌群测定的糖发酵试验是为了证实培养物是否符合大肠菌群的定义，即“在 36 ℃ 48 h 内分解乳糖，产酸产气”。

（2）初发酵与复发酵试验。大肠菌群测定的第一法——MPN（最可能数）计数法进行了两次乳糖发酵试验，第一次发酵试验为初发酵，第二次发酵试验为复发酵（又称证实试验）。

初发酵试验用 LST 肉汤培养基。LST 肉汤中提供磷酸盐缓冲体系，氯化钠可维持渗透压，月桂基硫酸钠可抑制非大肠菌群的生长，这个缓冲蛋白胨乳糖肉汤允许“缓慢乳糖发酵”来促进菌体产气。初发酵产气者进行复发酵试验，不产气者则报告大肠菌群阴性。

复发酵试验用 BGLB 肉汤培养基。BGLB 肉汤中胆盐和煌绿可以抑制革兰氏阳性细菌和除了大肠菌群的很多革兰氏阴性细菌。产气者计为大肠菌群阳性管。初发酵阳性管，不能肯定就是大肠菌群细菌，经过证实试验后，有时可能成为阴性。有数据表明，食品中大肠菌群检验步骤的符合率，初发酵与证实试验相差较大。因此，在实际检测工作中，证实试验是必需的。

初发酵和复发酵试验结果如图 5-2-1 所示。

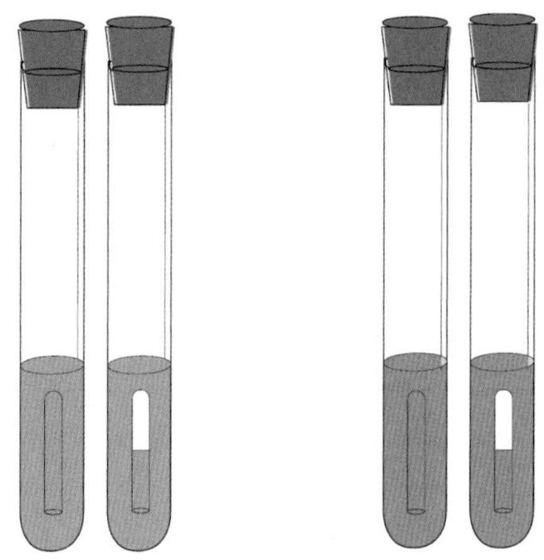

图 5-2-1　初发酵和复发酵试验结果

2. 产气

在乳糖发酵试验中，倒置的杜氏小管用来收集发酵过程中产生的气体，因此在大肠菌群 MPN 计数法中，经常可以看到在倒置的杜氏小管内极微小的气泡（有时比小米粒还小，有时可以遇到在初发酵时产酸或沿管壁有缓缓上浮的小气泡）。实验表明，大肠菌群的产气量，多者可以使倒置的杜氏小管全部充满气体，少者可以产生比小米粒还小的气泡。若对产酸但未产气的乳糖发酵有疑问时，可以用手轻轻敲击试管，如有气泡沿管壁上浮，即应考虑可能有气体产生，应进一步做证实试验。

5.2.5　MPN 值检索

1. MPN 计数法

MPN 计数法又称稀释培养计数法，适用于测定在一个混杂的微生物群落中虽不占优势，但却具有特殊生理功能的类群。其特点是利用待测微生物特殊生理功能的选择性来摆脱其他微生物类群的干扰，并通过该生理功能的表现来判断该类群微生物的存在。MPN 计数法是基于泊松分布的一种间接计数方法。

2. MPN 值检索

在大肠菌群检测中按复发酵证实的大肠菌群 LST 肉汤阳性管数检索 MPN 表，报告每 g（mL）样品中大肠菌群的 MPN 值。表 5-2-3 中检样量为 0.1 g（mL）、0.01 g（mL）、0.001 g（mL），若检样量改用 1 g（mL）、0.1 g（mL）、0.01 g（mL），表内数字相应降低 10 倍，即 3.6 变成 0.36；如检样量改用 0.01 g（mL）、0.001 g（mL）、0.000 1 g（mL），表内数字相应增大 10 倍，即 3.6 变成 36，以此类推。

表 5-2-3　　　大肠菌群最可能数（MPN）检索表

阳性管数			MPN	95% 可信限		阳性管数			MPN	95% 可信限	
0.10	0.01	0.001		上限	下限	0.10	0.01	0.001		上限	下限
0	0	0	<3.0	—	9.5	2	2	0	21	4.5	42
0	0	1	3.0	0.15	9.6	2	2	1	28	8.7	94
0	1	0	3.0	0.15	11	2	2	2	35	8.7	94
0	1	1	6.1	1.2	18	2	3	0	29	8.7	94
0	2	0	6.2	1.2	18	2	3	1	36	8.7	94
0	3	0	9.4	3.6	38	3	0	0	23	4.6	94
1	0	0	3.6	0.17	18	3	0	1	38	8.7	110
1	0	1	7.2	1.3	18	3	0	2	64	17	180

任务实施

任务一　大肠菌群计数（MPN 法）的检验准备

操作步骤

步骤 1　检测标准查阅

查阅 GB 4789.3《食品安全国家标准　食品微生物学检验　大肠菌群计数》第一法和 GB 16740《食品安全国家标准　保健食品》。

步骤 2　检测流程绘制

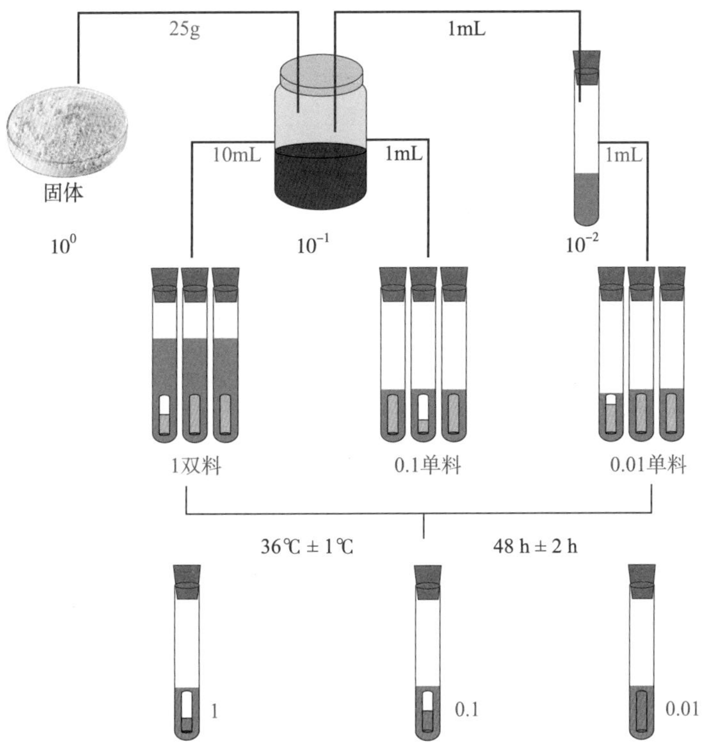

步骤 3　仪器设备及器材准备

准备材料，需灭菌的器材、试剂与培养基选择合适的方式进行灭菌处理，灭菌后转移至无菌室中，待用。

名称	规格与要求	数量
高压灭菌锅	贴有计量检定有效标识	1 台
恒温培养箱	36 ℃ ± 1 ℃，贴有计量检定有效标识	1 台
电子天平	感量 0.1 g，贴有计量检定有效标识	1 台
无菌均质杯	容量 250 mL，内置 225 mL 无菌磷酸盐缓冲液或无菌生理盐水	1 个
无菌吸量管	1 mL，置于不锈钢吸量管筒内	4 支
无菌剪刀	置于灭菌饭盒内	1 把
无菌不锈钢勺子	置于灭菌饭盒内	1 把
试管架	用于放置口径 18 mm、长度 180 mm 的试管，具有 5 × 10 孔	1 个
消毒棉球	75% 酒精	1 瓶

续表

名称	规格与要求	数量
打火机	—	1个
橡胶乳头	1 mL	1个
洗耳球	30 mL	1个
记号笔	—	1支
酒精灯	—	1盏
无菌 LST 肉汤双料	30 mL，分装于口径 18 mm、长度 180 mm 的试管（内有杜氏小管），每管 10 mL	3支
无菌 LST 肉汤单料	60 mL，分装于口径 18 mm、长度 180 mm 的试管（内有杜氏小管），每管 10 mL	6支
无菌 BGLB 肉汤	90 mL，分装于口径 18 mm、长度 180 mm 的试管（内有杜氏小管），每管 10 mL	9支
无菌磷酸盐缓冲液或无菌生理盐水	9 mL，装于口径 18 mm、长度 180 mm 的试管	1支

步骤 4　蛋白质粉检样制备

蛋白质粉抽样后，待检即可。

任务二　蛋白质粉中大肠菌群测定

操作步骤

步骤 1　样品稀释

操作流程	操作内容	操作说明
1. 10^{-1} 稀释液制备	1. 称取 25 g 样品置于盛有 225 mL 生理盐水的无菌均质杯内，8 000 ~ 10 000 r/min 均质 1 ~ 2 min，制成 10^{-1} 的样品匀液。 2. 调整 pH 值至 6.5 ~ 7.5。	1. 均质杯内预置适当数量的无菌玻璃珠。 2. 稀释液可事先预热至 46 ℃左右。 3. 先用 pH 试纸测出样液的 pH 值，再用 1 mol/L 的 NaOH 溶液或 1 mol/L 的 HCl 溶液将 pH 值调整至 6.5 ~ 7.5。

续表

操作流程	操作内容	操作说明
2. 10^{-2} 稀释液制备	用 1 mL 无菌吸管或微量移液器吸取 10^{-1} 样品匀液 1 mL，沿管壁缓慢注于盛有 9 mL 稀释液的无菌试管中，摇匀制成 10^{-2} 的样品匀液。	1. 放液时注意吸管尖嘴应靠在试管内壁，使样液沿管壁缓慢流下；上端不能靠在试管口上；吸管或吸头尖端均不能触及稀释液面。 2. 摇匀时，振摇试管或换用 1 支无菌吸管反复吹打，使其混合均匀。

步骤 2　初发酵

操作流程	操作内容	操作说明
1. 初发酵接种	选择 1 mL、0.1 mL 和 0.01 mL 3 个检样量，在进行 10 倍递增稀释时，每个检样量接种 3 管 LST 肉汤，每管接种 1 mL（如接种量超过 1 mL，则用双料 LST 肉汤，接种 10 mL）。	1. 检验量为 1 mL 的样品匀液，接种时分别吸取 10 mL 1∶10 的稀释液加入 3 支双料 LST 肉汤。 2. 原则上一边稀释一边接种，从制备样品匀液至样品接种完毕，全过程不得超过 15 min。
2. 恒温培养	将初发酵试管于 36 ℃ ± 1 ℃培养 24 h ± 2 h，观察杜氏小管内是否有气泡产生，若未产气，培养时间延长至 48 h ± 2 h。	培养前检查接种管塞子是否塞紧。

步骤 3　复发酵试验（证实试验）

操作流程	操作内容	操作说明
1. 初发酵结果观察	初发酵结束，取出初发酵管，观察杜氏小管中是否产气，产气管者记录为（+），并进行复发酵证实试验；未产气管，记录（-）。	观察时透光观察，并轻轻晃动，避免遗失产满气管及小气泡管。
2. 复发酵接种	从产气的初发酵管中分别挑取培养物 1 环接种于 BGLB 肉汤管中。	1. 先做好标记再进行接种。 2. 双管法接种时应无菌操作。
3. 恒温培养	将复发酵试管于 36 ℃ ± 1 ℃培养 48 h ± 2 h。	培养前检查接种管塞子是否塞紧。

任务三　结果观察与原始记录填写

操作步骤

步骤 1　产气管判断，记录阳性管数

操作流程	操作内容	操作说明
	观察产气情况，产气者计为大肠菌群阳性管。	逐一观察，并记录好每个检样量的阳性管数。

步骤 2　原始记录填写

1. 选用设备填写

选用设备名称、编号及状态标识	选用培养基、试剂

2. 原始记录表填写

原始记录表

<table>
<tr><td>样品名称</td><td colspan="3">蛋白质粉</td><td colspan="3">检验方法依据</td><td colspan="2"></td></tr>
<tr><td>样品编号</td><td colspan="3"></td><td colspan="3">样品性状</td><td colspan="2"></td></tr>
<tr><td>样品数量</td><td colspan="3"></td><td colspan="3">检验地点</td><td colspan="2"></td></tr>
<tr><td>检验日期</td><td colspan="3"></td><td colspan="3">检验人</td><td colspan="2"></td></tr>
<tr><td colspan="8">检验结果记录</td></tr>
<tr><td>检样量</td><td colspan="3">初发酵结果（管）</td><td colspan="3">复发酵结果（管）</td><td>阳性管数</td></tr>
<tr><td>10 mL</td><td></td><td></td><td></td><td></td><td></td><td></td><td></td></tr>
<tr><td>1 g（mL）</td><td></td><td></td><td></td><td></td><td></td><td></td><td></td></tr>
<tr><td>0.1 g（mL）</td><td></td><td></td><td></td><td></td><td></td><td></td><td></td></tr>
<tr><td>0.01 g（mL）</td><td></td><td></td><td></td><td></td><td></td><td></td><td></td></tr>
<tr><td>0.001 g（mL）</td><td></td><td></td><td></td><td></td><td></td><td></td><td></td></tr>
<tr><td>培养条件</td><td colspan="3">温度：　　　　时间：</td><td colspan="4">温度：　　　　时间：</td></tr>
<tr><td>检验结果</td><td colspan="7"></td></tr>
<tr><td>标准值</td><td colspan="7"></td></tr>
<tr><td>单项检验结论</td><td colspan="7"></td></tr>
<tr><td>备注</td><td colspan="7"></td></tr>
</table>

3. 检验结果报告

查 MPN 检索表，报告每 g（mL）样品中大肠菌群的 MPN 值。

称重取样以 MPN/g 为单位报告，体积取样以 MPN/mL 为单位报告。

拓展内容

一、保健饮料中大肠菌群计数

1. 检测标准查阅

查阅 GB 4789.2《食品微生物学检验　大肠菌群计数》第一法和 GB 16740《食品安全国家标准　保健食品》。

2. 检测流程绘制

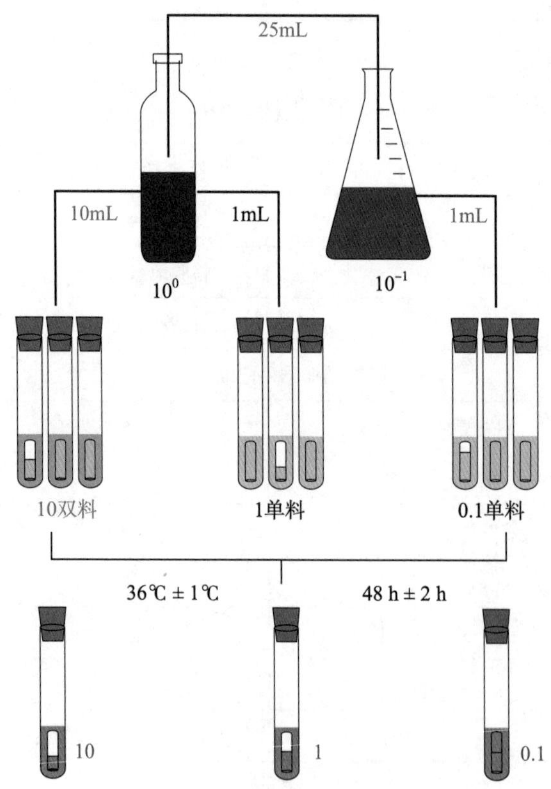

3. 样品稀释

吸取 25 mL 样品置于盛有 225 mL 磷酸盐缓冲液或生理盐水的无菌均质杯内，摇匀，制成 10^{-1} 的样品匀液。

4. 初发酵试验

检样量为 10 mL、1 mL、0.1 mL，其他操作同“蛋白质粉中大肠菌群测定”。

5. 复发酵证实试验

同“蛋白质粉中大肠菌群测定”。

6. 结果观察与报告

同“蛋白质粉中大肠菌群测定”。

二、革兰氏阳性菌与革兰氏阴性菌

革兰氏染色法能够把细菌分为两大类，即革兰氏阳性菌（G^+）和革兰氏阴性菌（G^-）。这种染色方法是先用结晶紫初染 1 min，所有细菌都被染成了紫色，然后再涂以碘液媒染 1 min，来加强染料与菌体的结合，再用 95% 酒精来脱色 20 ~ 30 s，有些细菌不被脱色，仍保留紫色，有些细菌被脱色变成无色，最后再用番红复染 1 min，结果已被脱色的细菌被染成红色，而未被脱色的细菌仍然保持紫色，不再着色。凡被染成紫色的细菌称为革兰氏阳性菌（G^+），染成红色的称为革兰氏阴性菌（G^-）。产生这样结果的原因是由于两类细菌的细胞壁结构和成分不同，见表 5-2-4。

表 5-2-4　　G^+ 和 G^- 细胞壁化学组成及结构比较

细菌类群	壁厚度（nm）	肽聚糖			磷壁酸	蛋白质	脂多糖	脂肪
		含量	层次	网格结构				
G^+	20 ~ 80	40% ~ 90%	单层	紧密	+	约 20%	-	1% ~ 4%
G^-	10	5% ~ 10%	多层	疏松	-	约 60%	+	11% ~ 22%

三、大肠菌群计数（平板计数法）

1. 检测标准查阅

查阅 GB 4789.2《食品微生物学检验　大肠菌群计数》第二法。

2. 样品稀释

操作流程	操作内容	操作说明
1. 10^{-1} 稀释液制备	吸取 25 mL 样品置于盛有 225 mL 磷酸盐缓冲液或生理盐水的无菌锥形瓶内，摇匀，制成 10^{-1} 的样品匀液。	1. 样品开封前要摇匀，并调整 pH 值至 6.5 ~ 7.5。 2. 用过的吸管置于消毒杠中。

续表

操作流程	操作内容	操作说明
2. 10^{-2} 稀释液制备	用 1 mL 无菌吸管或微量移液器吸取 10^{-1} 样品匀液 1 mL，沿管壁缓慢注于盛有 9 mL 稀释液的无菌试管中，摇匀制成 10^{-2} 的样品匀液。	注意更换 1 支 1 mL 无菌吸管或吸头。

3. 平板计数

操作流程	操作内容	操作说明
1. 滴加平皿	3 个连续稀释度的样品匀液在进行 10 倍递增稀释时，吸取 1 mL 样品匀液于无菌平皿内，每个稀释度做两个平皿。	1. 样液稀释与滴加应同步，要边稀释边滴加。 2. 吸取 1 mL 空白稀释液加入两个无菌平皿内做空白对照。
2. 制平板	将 15 ~ 20 mL 冷却至 46 ℃的结晶紫中性红胆盐琼脂（VRBA）培养基倾注平皿，并转动平皿使培养基与样品混合均匀。待凝固后，再次倾注 3 ~ 4 mL VRBA 培养基，避免菌落蔓延。	1. 培养基倾注时不可滴落、洒落在培养皿边缘，以免造成污染。 2. 培养基倾注完，马上混匀，确保平板表面平整。

续表

操作流程	操作内容	操作说明
3. 恒温培养	平板翻转，置于 36 ℃ ±1 ℃恒温培养箱中，培养 18 h ~ 24 h。	平板翻转前必须确定培养基已凝固。

4. 平板菌落数选择

操作流程	操作内容	操作说明
	选取菌落数在 15 ~ 150 CFU 之间的平板，分别计数平板上出现的典型菌落和可疑大肠菌群菌落。	1. 典型菌落为紫红色，菌落周围有红色的胆盐沉淀环，菌落直径为 0.5 mm 或更大。 2. 最低稀释度平板低于 15 CFU 的应记录具体菌落数。

5. 证实试验

操作流程	操作内容	操作说明
1. 接种	从 VRBA 平板上挑取 10 个不同类型的典型或可疑菌落（少于 10 个菌落的挑取全部典型和可疑菌落）分别接种于 BGLB 肉汤管中。	双管法接种时注意无菌操作。

续表

操作流程	操作内容	操作说明
2. 恒温培养	将 BGLB 肉汤管置于 36 ℃ ±1 ℃恒温培养箱中，培养 24 h ~ 48 h。	培养前检查接种管塞子是否塞紧。

6. 菌落计算

操作流程	操作内容	操作说明
	观察产气情况，产气者为大肠菌群阳性管，先计算出阳性管比例，再乘以平板菌落数和稀释倍数，即为每 g（mL）样品中大肠菌群数。	1. 例如，10^{-3} 样品稀释液 1 mL，在 VRBA 平板上有 80 个典型菌落和可疑菌落，挑取其中的 10 支接种 BGLB 肉汤管，证实有 3 支阳性管，则该样品的大肠菌群数为 $80 \times 3/10 \times 10^3$ CFU/g（mL）$=2.4 \times 10^4$ CFU/g（mL）。 2. 若所有稀释度平板均无菌落生长，则以小于 1 乘以最低稀释倍数报告。

理论知识复习

一、判断题

1. 大肠菌群是在一定培养条件下能发酵乳糖、产酸产气的需氧和兼性厌氧革兰氏阴性无芽孢杆菌。（　　）

2. 大肠菌群初发酵使用的培养基是月桂基胰蛋白胨肉汤。（　　）

3. 大肠菌群检验以 MPN 值报告，是基于超几何分布的一种间接计数方法。（　　）

4. 大肠菌群检验初发酵的程序是：检样制备→ 10 倍系列稀释→选择任意三个稀释

度接种大肠菌群初发酵肉汤管。（　　）

5. LST 肉汤中的磷酸盐起中和作用。（　　）

6. BGLB 肉汤中的胆盐起抑制革兰氏阳性菌的作用。（　　）

7. 大肠菌群计数现行国标中的第一法适用于大肠菌群含量较高的食品中大肠菌群的计数。（　　）

8. 煌绿乳糖胆盐肉汤管不产气者为大肠菌群阳性。（　　）

9. 大肠菌群 MPN 计数法检验样液中和用的盐酸浓度是 1%。（　　）

10. MPN 是指 1 mL 样品中大肠菌群确切数。（　　）

二、单项选择题

1. 大肠菌群 MPN 计数法检验初发酵试验要观察培养物在 36 ℃（　　）h 内的生长情况。

A. 12　B. 24　C. 36　D. 48

2. 大肠菌群 MPN 计数法检验复发酵培养时间，观察颜色变化和导管内是否有气泡产生，如（　　），则可以做样品中大肠菌群阳性结果报告。

A. 产酸不产气　B. 产气不产酸　C. 产酸产气　D. 不产酸不产气

3. 大肠菌群计数初发酵接种时，接种量（　　）培养基。

A. 1 mL，则用双料　B. 超过 10 mL，则用双料

C. 超过 1 mL，则用双料　D. 10 mL，则用三料

4. 大肠菌群 MPN 计数法检验结果报告是证实为大肠菌群阳性管数，查 MPN 检索表，报告（　　）。

A. 每 0.1 g（mL）样品中大肠菌群的 MPN 值

B. 每 g（mL）样品中大肠菌群的 MPN 值

C. 每 10 g（mL）样品中大肠菌群的 MPN 值

D. 每 100 g（mL）样品中大肠菌群的 MPN 值

5. 大肠菌群 MPN 计数法检验样液中和用的氢氧化钠浓度是（　　）。

A. 1%　B. 10%　C. 1 mol/L　D. 10 mol/L

6. 大肠菌群 MPN 计数法检验所用的培养基每管应分装（　　）mL。

A. 5　B. 10　C. 15　D. 20

7. 在大肠菌群 MPN 计数时，根据对样品污染状况的估计，选择 0.1 g（mL）、0.01 g（mL）、0.001 g（mL）这 3 个稀释度，结果均未产气，则结果报告为（　　）。

A. 9.4　B. 6.1　C. 0　D. <3

8. 大肠菌群主要来源于人畜粪便，作为（　　）指标评价食品的卫生状况。

A. 污染物　　B. 粪便污染　　C. 有害物质　　D. 致病菌

9. 国标 MPN 检索表采用的 3 个稀释度为 0.1 g（mL）、0.01 g（mL）、0.001 g（mL），若检验量改为 0.01 g（mL）、0.001 g（mL）、0.000 1 g（mL）时，则表内数字相应（　　）。

A. 降低 1 倍　　B. 降低 10 倍　　C. 增高 1 倍　　D. 增高 10 倍

10. 反映粪便污染程度的指示菌有大肠菌群、粪大肠菌群和（　　）。

A. 志贺氏菌　　B. 大肠杆菌　　C. 沙门氏菌　　D. 变形杆菌

三、简答题

1. 简述大肠菌群的测定意义。

2. 什么是初发酵和复发酵试验？

项目三　食品中霉菌和酵母计数

场景介绍

一早，张三到实验室主管办公室领取当天的检测计划单，今天的任务是干酪中霉菌和酵母计数。

检测计划单

样品名称：干酪	请检部门：干酪加工车间
批号：20191017	请验者：赵五
规格：250 g/ 袋，20 袋 / 盒	请验日期：2019 年 10 月 18 日
数量：250 g/ 袋 ×20 袋 / 盒 ×1 盒 =5 kg	检验项目：霉菌和酵母计数
检验依据：GB 4789.15—2016《食品安全国家标准　食品微生物学检验　霉菌和酵母计数》	

技能列表

序号	技能点	重要性
1	正确查询霉菌和酵母计数检验标准及产品国家标准，并绘制检验操作流程图	★★★★
2	梳理霉菌和酵母计数中所需的设备和材料，并独立完成培养基、试剂等器材的准备	★★★
3	按照国家检测标准完成霉菌和酵母计数	★★★★★
4	鉴别霉菌和酵母菌的菌落	★★★★★
5	根据霉菌和酵母计数规则和计算原则记录菌落总数并计算结果	★★★★
6	规范填写原始记录，并能判定单项检验结果	★★★

知识列表

序号	知识点	重要性
1	食品中霉菌和酵母计数的国家标准	★★★
2	霉菌和酵母菌的形态、细胞结构、繁殖方式和菌落特征	★★★
3	平板计数法测定霉菌和酵母计数的操作流程	★★★★
4	霉菌、酵母菌落结果的计数范围及计数规则	★★★★
5	菌落结果的计算方法和结果判定方法	★★★★★

知识准备

5.3.1 酵母菌概述

酵母菌是一群以单细胞为主、以出芽繁殖为主要繁殖方式的真菌，是人类较早利用的一类微生物。

1. 酵母菌的形态和大小

酵母菌细胞的形态通常有卵圆形、椭圆形、球形、腊肠形、柠檬形、藕节形等（见图 5–3–1），比细菌的单细胞个体要大得多。

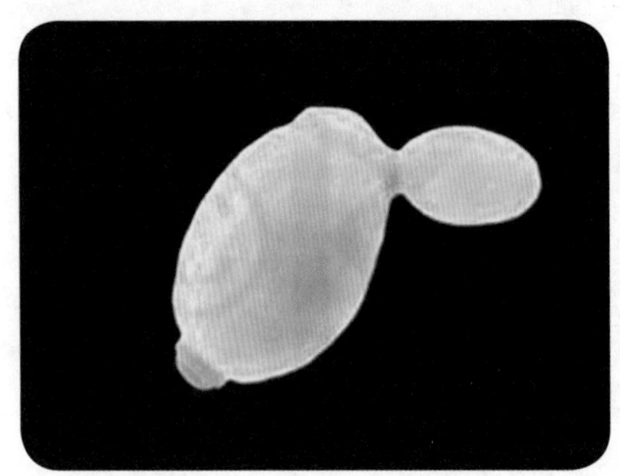

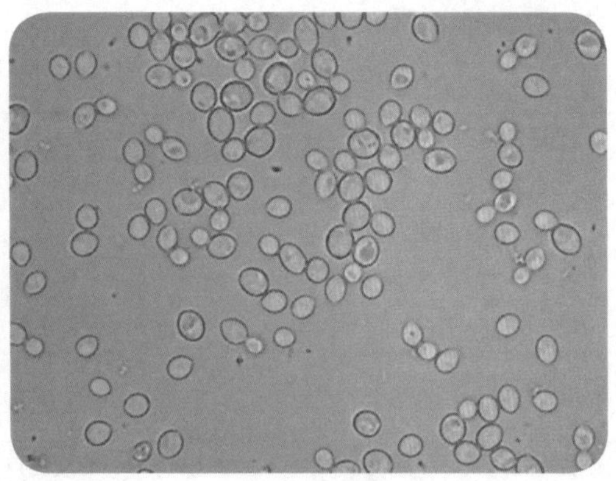

图 5–3–1　酵母菌的个体形态

2. 酵母菌的细胞结构

酵母菌具有典型的细胞结构，有细胞壁、细胞膜、细胞质、细胞核、液泡、线粒体等，但无鞭毛，故不能游动。

3. 酵母菌的繁殖

酵母菌的繁殖方式有无性繁殖和有性繁殖两大类，一般以无性繁殖为主。酵母菌最常见的无性繁殖方式是出芽繁殖。

4. 酵母菌的菌落

在固体培养基上生长时，大多数酵母菌的菌落特征与细菌相似，但比细菌菌落大且厚，表面光滑、湿润、黏稠，易被挑起，质地均匀，正反面和边缘、中央部位的颜色都很均一，颜色多为乳白色，少数为红色，个别为黑色（见图 5–3–2）。

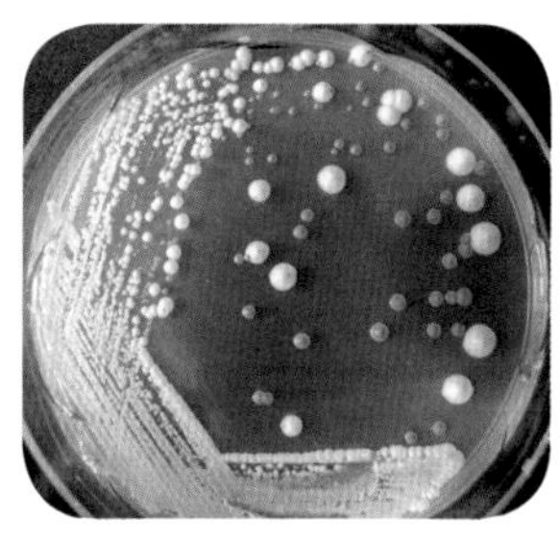
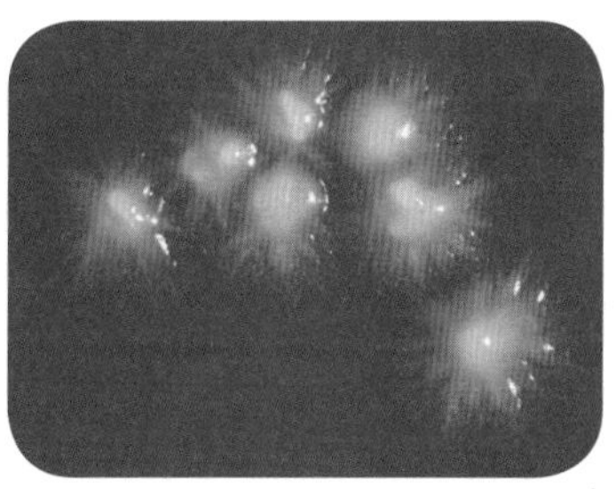
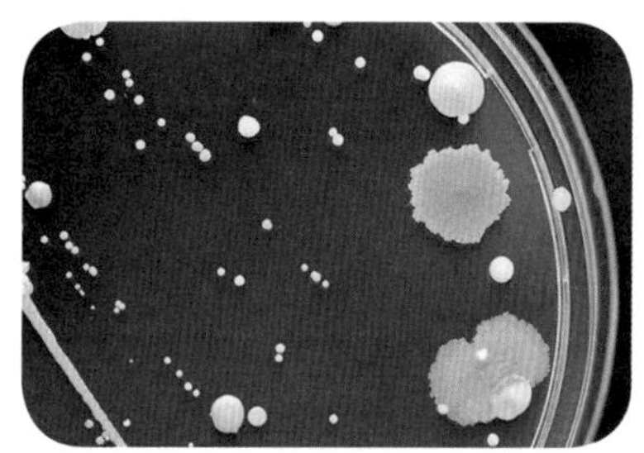

图 5-3-2　酵母菌的菌落形态

5. 酵母菌在自然界的分布和应用

酵母菌在自然界中主要分布在含糖量高的偏酸性环境中，如水果、蔬菜、花蜜、蜜饯及果园的土壤中。从酵母菌体中可提取核酸、麦角醇、辅酶 A、细胞色素 C 和维生素等。只有少数酵母菌能引起人或其他动物的疾病，常可引起人体一些表层（皮肤、黏膜）或深层（各内脏、器官）的疾病，如鹅口疮、轻度肺炎、慢性脑膜炎等。

5.3.2　霉菌概述

霉菌是丝状真菌的一个俗称，通常指那些菌丝体比较发达而又不产生大型子实体的真菌。

1. 霉菌的形态

霉菌的生物个体称为菌丝体。在显微镜下观察，菌丝是一种管状的细丝，有单细胞或多细胞，其直径一般为 2 ~ 10 μm，个别菌种的直径较大。在条件适宜时，菌丝顶端延长，旁侧分枝，互相交错成团，形成菌丝体。菌丝的种类见表 5-3-1 和表 5-3-2。

表 5-3-1　　菌丝的种类（按结构分）

名称		特点	常见霉菌种类
	无隔菌丝	整个菌丝体就是一个单细胞，含有多个核	毛霉、根霉等
	有隔菌丝	整个菌丝由分枝成串的多细胞组成，每一段就是一个细胞，每个细胞内含有一个或多个核	曲霉、青霉等

表 5-3-2　　　　菌丝的种类（按分化程度分）

名称		功能
培养基 繁殖菌丝 气生菌丝 基内菌丝	气生菌丝	向空中生长的菌丝，发育到一定阶段可分化成繁殖菌丝
	基内菌丝	又称营养菌丝，是伸入培养基内部吸收养分为主的菌丝

2. 霉菌的细胞结构

与酵母菌相似，有细胞壁（不含肽聚糖，以几丁质为主，少数水生霉菌细胞壁含有纤维素）、细胞膜、细胞质、细胞核等。

3. 霉菌的繁殖

霉菌的繁殖能力很强，而且方式多样，如菌丝截段即可发育成新的个体，称为断裂繁殖。在自然界，霉菌主要通过产生各种无性孢子和有性孢子来达到繁殖目的，到目前为止，某些霉菌尚未发现有性繁殖过程。

4. 霉菌的菌落

霉菌的菌落比细菌、酵母菌的菌落都大，质地疏松，外观干燥，不透明，呈现或紧或松的绒毛状、棉絮状和蜘蛛网状；菌落与培养基连接紧密，不易挑取；菌落正反面的颜色和边缘与中心的颜色常不一致。少数霉菌在固体培养基上能呈扩散性蔓延，以致菌落没有规则或没有固定大小，多数霉菌的菌落是有局限性的。菌落最初往往是浅色或白色，当菌落长出各种颜色的孢子后，菌落便相应地呈黄、绿、青、黑、橙等颜色。有的霉菌由于能产生色素，使菌落背面也带有颜色，或进一步扩散到培养基中，使培养基变色。由于霉菌形成的孢子有不同的构造、形状及颜色，所以菌落特征往往是鉴定霉菌的重要依据。常见霉菌的菌落特征如图 5-3-3 所示。

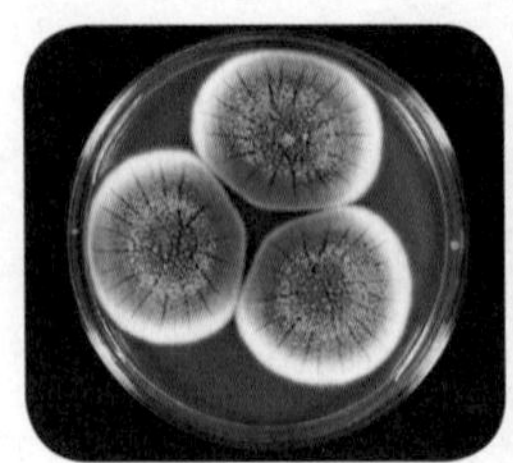 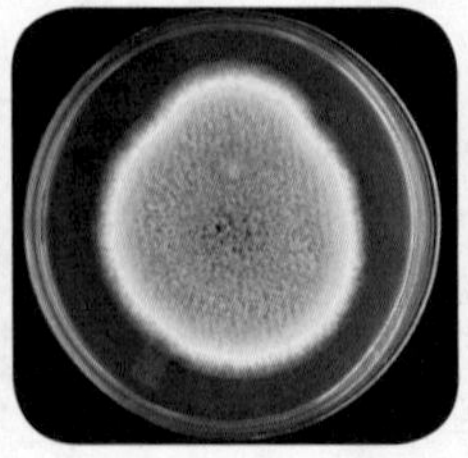  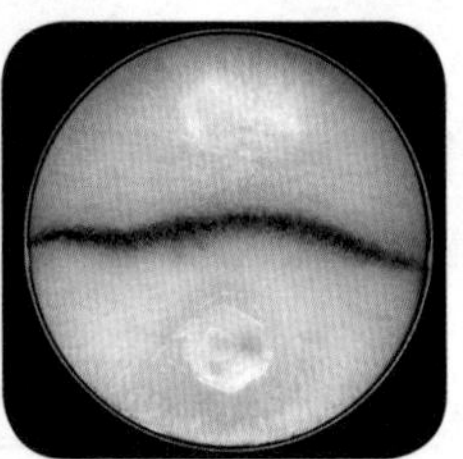

图 5-3-3　霉菌的菌落特征（从左到右依次为：青霉、曲霉、根霉、毛霉）

5. 霉菌在自然界的分布和应用

霉菌在自然界中分布广泛，在潮湿的环境中大量生长繁殖，有较强的陆生性，是一类腐生或寄生的微生物。在自然条件下，霉菌常可引起食品、工农业产品的霉变和植物的真菌病害。在传统发酵及近代发酵工业中，霉菌因其较强及完整的酶系有着积极的作用。

5.3.3 酵母菌、霉菌检测意义

酵母菌和霉菌广泛分布于自然界，并可作为食品中正常菌相的一部分。长期以来，人们利用某些酵母菌和霉菌加工一些食品。但在某些情况下，酵母菌和霉菌也可造成食物腐败变质。因此酵母菌和霉菌也作为评价食品卫生质量的指示菌，并以酵母菌和霉菌计数来判定食品被污染的程度。目前已有若干个国家制定了某些食品的酵母菌和霉菌限量标准。我国已制定了食品中酵母菌和霉菌的限量标准。

5.3.4 霉菌、酵母计数用培养基

1. 马铃薯葡萄糖琼脂

霉菌在马铃薯葡萄糖琼脂（PDA）培养基上生长良好，但用 PDA 做平板计数时，必须加入抗生素、氯霉素以抑制细菌。

2. 孟加拉红琼脂

孟加拉红琼脂又称虎红培养基，该培养基中含有孟加拉红和氯霉素，这两种物质都具有抑制细菌生长的作用，同时孟加拉红还可抑制霉菌菌落的蔓延生长，且由孟加拉红产生的红色能使菌落背面着色，有助于霉菌和酵母菌落的计数。

5.3.5 菌落计数

选择菌落数在 10 ~ 150 CFU 的平板，根据菌落形态分别计数霉菌和酵母，霉菌蔓延生长覆盖整个平板的记录为菌落蔓延，具体计数规则同“菌落总数”。

5.3.6 结果与报告

霉菌、酵母数分开计算与报告，具体要求同“菌落总数”。

任务实施

任务一 霉菌、酵母计数的检验准备

操作步骤

步骤 1 检测标准查阅

查阅 GB 4789.15《食品微生物学检验 霉菌和酵母计数》、GB 4789.18《食品安全国家标准 食品微生物学检验 乳与乳制品检验》和 GB 5420《食品安全国家标准 干酪》。

步骤 2 检测流程绘制

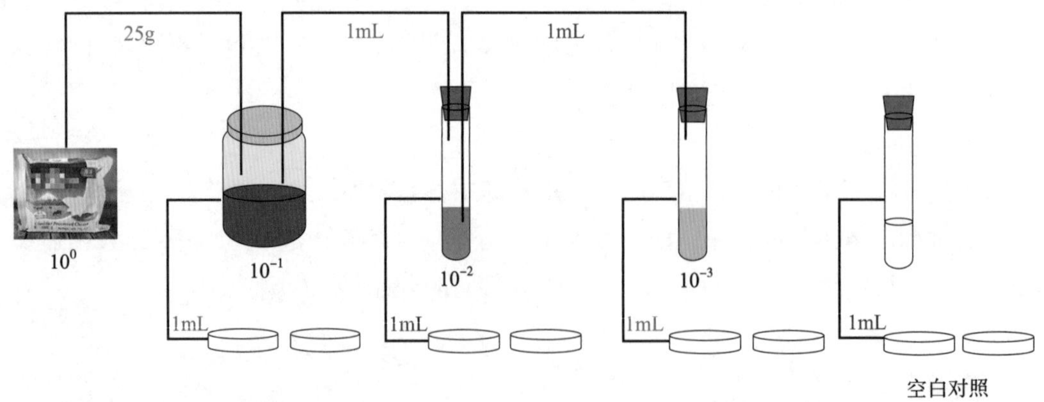

步骤 3 仪器设备及器材准备

准备材料，需灭菌的器材、试剂与培养基先按要求准备好后选择合适的方式进行灭菌处理，灭菌后转移至无菌室中，待用。

名称	规格与要求	数量
高压灭菌锅	贴有计量检定有效标识	1台
霉菌培养箱	28 ℃ ±1 ℃，贴有计量检定有效标识	1台
电子天平	感量 0.1 g，贴有计量检定有效标识	1台
恒温水浴锅	46 ℃ ±1 ℃，贴有计量检定有效标识	1台
无菌均质杯	容量 250 mL，内置 225 mL 磷酸盐缓冲液或生理盐水	1个
无菌吸量管	1 mL，置于不锈钢吸量管筒内	4支
无菌不锈钢镊子	置于灭菌饭盒内	1把
无菌剪刀	置于灭菌饭盒内	1把
无菌过滤网	包扎好	1个
试管架	用于口径 18 mm，长度 180 mm 的试管，具有 5×10 孔	1个
无菌培养皿	直径 90 mm，置于不锈钢平皿筒	8套
消毒棉球	75% 酒精浸泡	1瓶
打火机	—	1个
橡胶乳头	1 mL	1个
洗耳球	30 mL	1个
记号笔	—	1支
酒精灯	—	1盏
无菌孟加拉红琼脂培养基	200 mL 置于三角烧瓶内，牛皮纸包扎瓶口	1瓶
无菌磷酸盐缓冲液或无菌生理盐水	9 mL，置于口径 18 mm，长度 180 mm 的试管	3支

步骤 4　干酪样品制备

干酪样品，剪碎备用。

任务二　干酪中霉菌和酵母计数

操作步骤

步骤 1　样品稀释

操作流程	操作内容	操作说明
1. 10^{-1} 稀释液制备 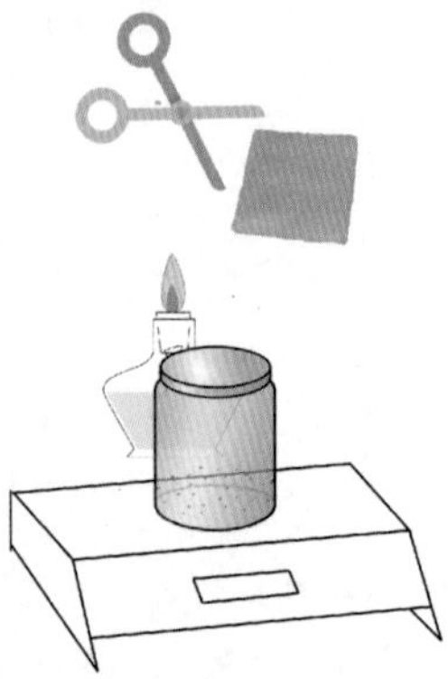	称取 25 g 样品置于盛有 225 mL 磷酸盐缓冲液或生理盐水的无菌均质杯内，8 000 ~ 10 000 r/min，均质 1 ~ 2 min，制成 10^{-1} 的样品匀液。	均质杯内预置适当数量的无菌玻璃珠。
2. 10^{-2} 稀释液制备 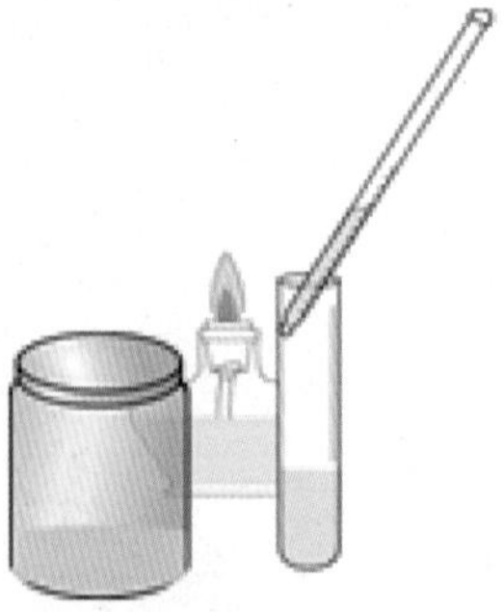	用 1 mL 无菌吸管或微量移液器吸取 10^{-1} 样品匀液 1 mL，沿管壁缓慢注于盛有 9 mL 稀释液的无菌试管中，摇匀制成 10^{-2} 的样品匀液。	1. 注意放液时吸管或吸头尖端不要触及稀释液面。 2. 摇匀方式：用 1 支无菌吸管反复吹吸，使其混合均匀。
3. 10^{-3} 稀释液制备 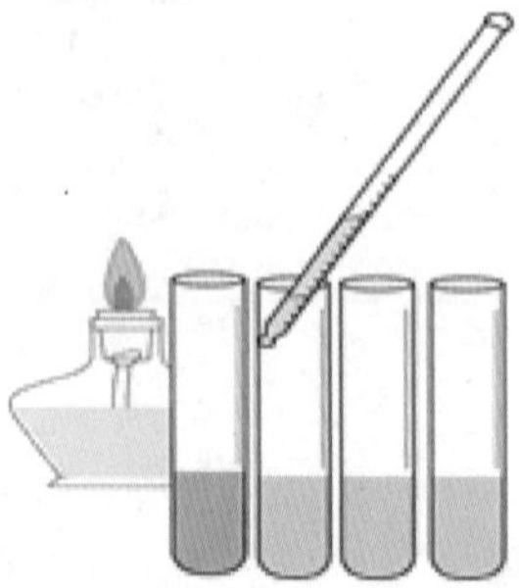	用 1 mL 无菌吸管或微量移液器吸取 10^{-2} 样品匀液 1 mL，沿管壁缓慢注于盛有 9 mL 稀释液的无菌试管中，摇匀制成 10^{-3} 的样品匀液。	注意更换 1 支 1 mL 无菌吸管或吸头。

步骤2 样品接种

操作流程	操作内容	操作说明
1. 滴加平皿	3个连续稀释度的样品匀液在进行10倍递增稀释时，吸取1 mL样品匀液于无菌平皿内，每个稀释度做2个平皿。	吸取1 mL空白稀释液加入2个无菌平皿内做空白对照。
2. 制平板	将20～25 mL冷却至46 ℃的孟加拉红琼脂培养基倾注于平皿，并转动平皿，使培养基与样液混合均匀。	—

步骤3 恒温培养

操作流程	操作内容	操作说明
恒温培养	琼脂凝固后，将平板正置于28 ℃ ± 1 ℃恒温培养箱中，培养5天。	1. 培养前必须确定培养基已凝固。 2. 平板正置培养。

任务三　结果观察与原始记录填写

操作步骤

步骤 1　菌落计数

操作流程	操作内容	操作说明
	1. 方法同“菌落总数”。 2. 霉菌和酵母分别计数。	1. 先看空白对照，若空白对照长菌，记录“本次检测无效”。 2. 可用记号笔标记计数。

步骤 2　原始记录填写

1. 选用设备填写

选用设备名称、编号及状态标识	选用培养基、试剂

2. 原始记录表填写

原始记录表

样品名称	干酪	检验方法依据	
样品编号		样品性状	
样品数量		检验地点	
检验时间		检验人	

续表

<table>
<tr><td colspan="9">检验结果记录</td></tr>
<tr><td colspan="9">霉菌菌落总数结果记录</td></tr>
<tr><td>稀释度</td><td colspan="2">10^{-1}</td><td colspan="2">10^{-2}</td><td colspan="2">10^{-3}</td><td colspan="2">空白值</td></tr>
<tr><td>实测值</td><td></td><td></td><td></td><td></td><td></td><td></td><td></td><td></td></tr>
<tr><td>平均值</td><td colspan="2"></td><td colspan="2"></td><td colspan="2"></td><td colspan="2"></td></tr>
<tr><td>培养条件</td><td colspan="8">温度：　　　　　　　　　时间：</td></tr>
<tr><td>实测结果</td><td colspan="8"></td></tr>
<tr><td>标准值</td><td colspan="4"></td><td colspan="2">单项检验结论</td><td colspan="2"></td></tr>
<tr><td colspan="9">酵母菌菌落总数结果记录</td></tr>
<tr><td>稀释度</td><td colspan="2">10^{-1}</td><td colspan="2">10^{-2}</td><td colspan="2">10^{-3}</td><td colspan="2">空白值</td></tr>
<tr><td>实测值</td><td></td><td></td><td></td><td></td><td></td><td></td><td></td><td></td></tr>
<tr><td>平均值</td><td colspan="2"></td><td colspan="2"></td><td colspan="2"></td><td colspan="2"></td></tr>
<tr><td>培养条件</td><td colspan="8">温度：　　　　　　　　　时间：</td></tr>
<tr><td>实测结果</td><td colspan="8"></td></tr>
<tr><td>标准值</td><td colspan="4"></td><td colspan="2">单项检验结论</td><td colspan="2"></td></tr>
<tr><td>备注</td><td colspan="8"></td></tr>
</table>

拓展内容

一、发酵乳饮料中霉菌和酵母计数

1. 检测标准查阅

查阅 GB 4789.15《食品微生物学检验　霉菌和酵母计数》和 GB 19302《食品安全国家标准　发酵乳》。

2. 检测流程图绘制

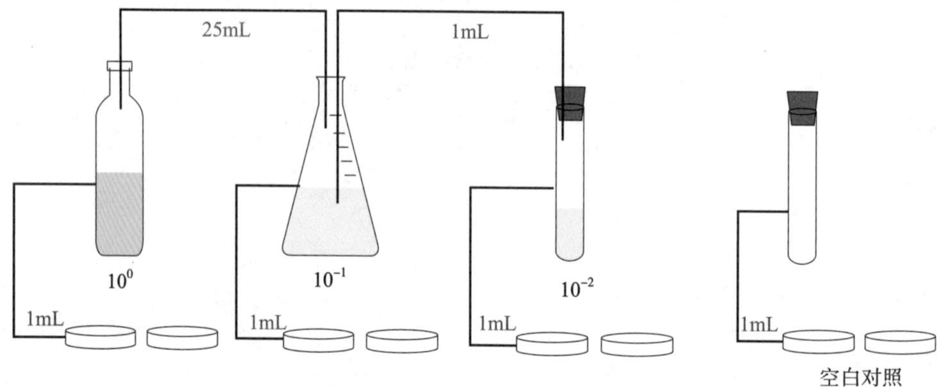

3. 样品稀释

同“饮料中菌落总数测定”。

4. 样品接种

同“干酪中霉菌和酵母计数”。

5. 结果观察与报告

同“干酪中霉菌和酵母计数”，报告单位变更为“CFU/mL”。

二、真菌毒素

真菌产生的有毒代谢产物称为真菌毒素。目前，已从霉菌培养中获得许多有毒化合物，但是并非所有的有毒化合物都是引起人或动物疾病的致病菌。一般认为，大米、面粉、玉米、花生、发酵食品等农产品中主要以曲霉、青霉菌属为主，个别地区以镰刀菌为主。其中，玉米和花生中黄曲霉及其毒素检出率高，小麦和玉米中以镰刀菌及其毒素污染为主，青霉及其毒素主要在大米中出现。而鱼、干贝中常可检出灰绿曲霉、赭曲霉、青霉菌属等。畜产食品（如奶油、奶酪等）常受桔青霉、扩展青霉等青霉菌属及镰刀菌、芽枝霉等污染而产生各种斑点。兽肉类食品受刺枝霉属、丝枝霉属、毛霉、根霉等污染较多。腊肠受酵母类、地霉、白地霉等污染较多。调味料中黄曲霉、黑曲霉等曲霉属、根霉属、青霉菌属的检出率较高。

产毒真菌在粮食或饲料上寄生后产生毒素，当人、畜食入这些食物或饲料时，就可能发生不同程度的急性或慢性真菌毒素中毒症。

真菌毒素一般通过直接或间接污染进入食品。直接污染是真菌在食品原料中生长的结果，间接污染是由于用了受真菌毒素污染的食品配料所致。

真菌毒素致病的特点包括：中毒的发生常常与某些食物有联系；发病有一定的季节性；不具有传染性和免疫性；化学药物和抗生素的疗效很差或无效；常常并发维生素缺乏症，但与真正的维生素缺乏症不同，用补充维生素来治疗无效。

理论知识复习

一、判断题

1. 霉菌和酵母菌的检验程序与细菌检验程序相同。（ ）

2. 在固体培养基上生长时，霉菌的菌落较大，比较湿润黏稠，不透明，呈现或紧或松的蜘蛛网状、绒毛状或棉絮状。（ ）

3. 霉菌和酵母菌检验样液加入后，将凉至46 ℃左右的培养基注入平皿约15 mL，并转动平皿，使其混合均匀。（ ）

4. 霉菌、酵母计数的稀释度选择及菌落报告方式可参考国家标准的菌落计数检验方法。（ ）

5. 由于霉菌和酵母菌生长缓慢和竞争能力不强，故常常在不适于细菌生长的食品中出现。（ ）

6. 霉菌和酵母菌报告时，若只有一个稀释度平板上的菌落数在适宜计数范围内，计算两个平板菌落数的平均值，再将平均值乘以相应稀释倍数，作为每g（mL）中霉菌和酵母菌的菌落结果。（ ）

二、单项选择题

1. 在固体培养基上生长时，酵母菌的菌落多为（ ）。

A. 红色　　B. 黄色　　C. 黑色　　D. 乳白色

2. 霉菌菌落较大，质地疏松，外观干燥，不透明，呈现或紧或松的（ ）。

A. 蜘蛛网状、绒毛状或透明光滑状　　B. 绒毛状、透明光滑状或棉絮状

C. 蜘蛛网状、绒毛状或棉絮状　　D. 蜘蛛网状、透明光滑状或棉絮状

3. 现行GB 4789.15第一法适用于（ ）中霉菌和酵母的计数。

A. 水产类　　B. 各类食品　　C. 番茄酱罐头　　D. 番茄汁

4. 霉菌、酵母菌检验接种时，待琼脂凝固后，正置平板，置于（ ）温箱内培养。

A. 20 ℃ ±1 ℃　　B. 22 ℃ ±1 ℃

C. 26 ℃ ±1 ℃　　D. 28 ℃ ±1 ℃

5. 霉菌和酵母菌检验所用的培养皿直径是（　　）mm。

A. 50　　B. 70　　C. 90　　D. 110

6. 霉菌和酵母计数稀释时，样品和稀释液一定要充分振摇，其目的是使（　　）。

A. 霉菌菌丝与食物拉伸　　B. 霉菌孢子抱成一团

C. 霉菌菌丝断裂　　D. 霉菌孢子与食物充分散开

7. 孟加拉红培养基中添加的孟加拉红能抑制霉菌菌落的蔓延生长，同时还具有（　　）的作用。

A. 指示剂　　B. 抑制细菌　　C. 鉴别　　D. 营养素

8. 霉菌和酵母菌培养过程中，菌落观察时要注意轻拿轻放，避免（　　）散开，造成结果偏高。

A. 孢子　　B. 菌丝　　C. 鞭毛　　D. 芽孢

9. 霉菌和酵母菌菌落计数时，应选择每皿菌落数在（　　）CFU 进行计数。

A. 10 ~ 150　　B. 10 ~ 200　　C. 15 ~ 150　　D. 30 ~ 300

10. 霉菌和酵母菌报告时，若霉菌在 3 个连续稀释度的平板菌落数为：10^{-1} 稀释度的菌落为 110，111；10^{-2} 稀释度的菌落是 9，8；在 10^{-3} 稀释度的菌落是 1，0；则样品中霉菌数为（　　）CFU/g。

A. 1 110　　B. 1 100　　C. 1 105　　D. 11

三、简答题

1. 简述酵母菌、霉菌在自然界的分布和应用。

2. 简述酵母菌、霉菌的检测意义。

第六章

原始记录填写与结果报告

食品质量的判断是以分析检验结果为依据的。由于在实际的检测过程中受到计量器具的准确度、检验方法的完善性、检验人员的主观性、试验环境的波动、检验样品的均匀性等各种因素的影响，检测结果不能完全准确。食品检验中由测定值直接得出结果的检验是少数，多数是通过对测定值进行运算才得出结果。因此运算后量值的有效位数能综合反映整个测定步骤的准确度。只有正确运用科学的数据处理方法，才能从中找出规律，保证检测结果的可靠性和准确性。

项目一　检验数据认知

场景介绍

张三对某面包中的酸度进行测定，要求正确填写检验数据。

技能列表

序号	技能点	重要性
1	正确换算食品检验中的计量单位	★★★
2	按照要求进行有效数字的修约和运算	★★★★★
3	规范记录原始实验数据	★★★★
4	正确判定单项检验结果	★★★★

知识列表

序号	知识点	重要性
1	常用法定计量单位的定义、组成及使用规则	★★★
2	有效数字的定义、位数、修约及运算规则	★★★★★
3	原始记录的填写及修改	★★★★
4	原始记录的保存	★★★
5	检验结果的判定方法	★★★★

知识准备

6.1.1 法定计量单位

1. 法定计量单位的定义与组成

（1）法定计量单位的定义。法定计量单位是指国家以法令的形式，明确规定并且允许在全国范围内统一实行的计量单位。

（2）法定计量单位的组成。法定计量单位是以国际单位制（SI）为基础，并与少数其他单位制的计量单位组合而成的。它包括 SI 基本单位、SI 辅助单位、SI 中具有专门名称的导出单位，同时选用了一些国家选定的非国际制单位及上述单位构成的组合形式的单位，由词头和以上单位所构成的十进倍数和分数单位。

国际单位制的基本单位见表 6–1–1。

表 6–1–1　　国际单位制的基本单位

序号	物理量名称	物理量符号	单位名称	单位符号
1	长度	*L*	米	m
2	质量	*m*	千克	kg
3	时间	*t*	秒	s
4	电流	*I*	安培	A
5	热力学温度	*T*	开 <尔文>	K
6	物质的量	*n*	摩 <尔>	mol
7	发光强度	*lv*	坎 <德拉>	cd

2. 食品检验中常用的法定计量单位

食品检验中用到的计量单位很多，常用的计量单位见表 6–1–2。

表 6–1–2　　食品检验中常用的计量单位

序号	物理量名称	物理量符号	单位名称	单位符号
1	质量	*m*	千克、克、毫克、微克	kg，g，mg，μg
2	体积	*V*	升、毫升、微升	L，mL，μL

续表

序号	物理量名称	物理量符号	单位名称	单位符号
3	物质的量	n	摩尔、毫摩尔	mol，μmol
4	摩尔质量	M	千克每摩尔、克每摩尔	kg/mol，g/mol
5	密度	ρ	千克每立方米、克每立方厘米	kg/m^3，g/cm^3
6	压力	P	帕斯卡	Pa
7	摄氏温度	t	摄氏度	℃
8	热量	Q	焦耳	J
9	时间	t	小时、分、秒	h，min，s
10	波长	λ	纳米	nm

3. 法定计量单位的使用规则

（1）简称在不混淆、不产生误解的情况下可等效其全称使用，如“摩”是“摩尔”的简称。

（2）法定计量单位的名称和符号必须作为一个整体使用，不得拆开，如“20 ℃”或“20 摄氏度”不应写成或读成“摄氏 20 度”。

（3）用词头构成倍数单位时，不得重复使用词头，如“ng（纳克）”不能写成“mμg（毫微克）”。

（4）单位符号用小写体，如质量单位“千克”写成“kg”；若来源于人名，则符号的第一个字母需大写，如压力单位“帕斯卡”写成“Pa”。

（5）表示小于 10^6 的词头符号字母用小写体，大于等于 10^6 的用大写体，如 10^3 的词头用 k，10^6 的词头用 M。

（6）单位符号一律不用复数形式来表示，如容量体积“3 升”写成“3 L”。

4. 计量单位的换算

食品检验中常用的质量单位有千克（kg）、克（g）、毫克（mg）、微克（μg），换算关系：1 kg=10^3 g、1 g=10^3 mg、1 mg=10^3 μg。

食品检验中常用的体积单位有升（L）和毫升（mL），换算关系：1 L=10^3 mL。

6.1.2 有效数字

1. 有效数字的定义

有效数字是指在分析工作中实际能够测量到的数字，通常包括全部准确数字和一位不确定的数字，即在有效数字中，只有最后一位数字是不确定的。

2. 有效数字的位数

（1）确定有效数字位数的关键是掌握“0”在数字不同位置的不同作用。“0”在非零数字前只起定位作用，不算有效数字；“0”在非零数字间或后均为有效数字。

（2）分数中分母或倍数中系数为自然数时，为非测量所得，它不表示有效数字位数。

（3）计算有效数字的位数时，若第一位数字是 8 或 9 时，其有效数字的位数可多算一位。

（4）有效数字的位数与量的使用单位无关。

（5）化学中常遇到的 pH 值、pK 值等，其有效数字的位数取决于小数部分的位数，其整数部分只说明原数值的方次。

有效数字位数的示例见表 6–1–3。

表 6–1–3　　有效数字位数

序号	数字	有效数字位数
1	1.000 1，2.020 5，$2.202\ 3\times10^{3}$	5 位有效数字
2	0.550 0，25.05%，8.610×10^{-6}	4 位有效数字
3	0.045 0，0.100%	3 位有效数字
4	0.004 5，0.40%，5.0	2 位有效数字
5	0.4，0.001%，pH 值 =2.0	1 位有效数字
6	1 200，200，1/5	不确定

3. 有效数字的修约

在进行具体的数字运算前，对某一数值，根据保留位数的要求，将多余的数字进行取舍的过程称为数值的修约。数值修约依据 GB/T 8170《数值修约规则与极限数值的表示和判定》中的规定进行。

一般有效数字修约的原则是“四舍六入五凑偶”，即：小于等于四要舍；大于等于六要入；五后有数则进一；五后无数看前位，前位奇数则进一，前位偶数则舍去，不论舍去多少位，必须一次修约成。数值修约示例见表 6-1-4。

表 6-1-4　　数值修约示例

修约口诀	举例（修约到一位小数）
四舍六进	15. 34 → 15.3　6.23 → 6.2　15.26 → 15.3　7.28 → 7.3
五后有数则进一	1.2501 → 1.3
五前奇数五进一	1.1500 → 1.2
五前偶数五舍去	6.250 0 → 6.2　6.050 0 → 6.0
需舍数字若干位，必须一次修约成	5.345 46 → 5.3（正确） 5.345 6 → 5.346 → 5.35 → 5.4（错误）

4. 有效数字的运算规则

GB/T 5009.1《食品卫生检验方法　理化部分　总则》中做了以下规定。

（1）相加（减）法运算结果——以小数点后位数最少的为准。

例题讲解

[例 6-1] 根据有效数字运算规则，计算 2.037 5+0.074 5+39.54 的值。

分析： 该式为加法运算，其运算结果为 41.652 0，根据有效数字运算规则，参与运算的这三个数据中 39.54 是小数点后位数最少的（它的绝对误差最大），所以运算结果应以 39.54 为准，即最终运算结果应为 41.65。

解答： 2.037 5+0.074 5+39.54=41.652 0≈41.65

（2）乘（除）法运算结果——以有效数字位数最少的为准。

例题讲解

[例 6-2] 根据有效数字运算规则，计算 13.92×0.011 2×1.972 3 的值。

分析： 该式为乘法运算，根据有效数字运算规则，参与运算的数据中，0.011 2 是 3 位有效数字，有效位数最少（它的相对误差最大），所以应以 0.011 2 的位数为准，即最终运算结果应为 0.307。

解答： 13.92×0.011 2×1.972 3=0.307 489 459 2≈0.307

知识链接

有效数字运算技巧

1. 测定读数值按其仪器准确度确定有效数字位数后，先进行运算，运算后的数值再修约。

2. 复杂运算时，其中间过程多保留一位有效数字，最后结果再取应有的位数。

3. 被运算数据的第一位数字是 8 或 9 时，其有效数字可多算一位。例如 9.28 mL，表面上是 3 位有效数字，计算中可以 4 位有效数字看待。

4. 计算公式中出现的非测量所得的自然数或常数，可看成具有无限多位数。如水（H_2O）的相对分子质量为：2×1.008+16.00=18.02，其中“2”可视为具有无限多位数。

5. 一般来说，对于高组分含量（>10%）的测定，要求分析结果有 4 位有效数字；对于中组分含量（1%～10%），要求有 3 位有效数字；对于低组分含量（<1%），要求有 2 位有效数字。若国家标准有明确要求，则按照标准执行。

6.1.3 原始记录

1. 记录的定义与分类

（1）记录的定义。记录是阐明所取得的结果或提供所完成活动证据的重要文件。它可用于为追溯、验证、预防措施和纠正措施提供证据。原始记录是在检验过程中及时填写的记录。

（2）记录的分类。根据实验室认可准则将记录分成质量记录和技术记录两种。实验室内部审核和管理评审的报告，以及预防和纠正措施的记录等属于质量记录。在食品检验中，测定食品中水分、灰分、氯化钠含量、pH 值等项目所填写的原始记录都属于技术记录。

2. 原始记录的通用要求与内容

（1）原始记录的通用要求。原始记录是检测活动的见证性文件，是出具检测报告的唯一依据。原始记录应具有时效性、可追溯性、真实性。

（2）原始记录的内容。原始记录必须包含足够的信息，以保证其检测活动能够再现。食品生产企业应当建立进货查验记录制度，如实记录食品原料、食品添加剂、食品相关产品的名称、规格、数量，供货者名称及联系方式，进货日期等内容。食品检验原始记录内容应包括样品名称、样品数量、取样日期、检验日期、所用设备、环境温度、湿度、抽样人员、检验依据、使用试剂、检验过程数据、计算公式与结果、标准值与判定值、单项检验结论、检验人员和校核人员等。

3. 原始记录的填写

（1）原始记录的填写要求。食品检验员必须按照“做有痕、追有踪、查有据”的总体要求填写原始记录，具体要求如下：原始记录必须在检验过程中现场填写，不允许在工作完成后补写；填写必须准确，用词、计算、有效位数、计量单位规范。

（2）原始测量数据记录的内容。原始测量数据记录的内容主要指称量数据记录、滴定管滴定读数记录及其他仪器测量记录。

1）称量数据

①电子分析天平（感量为 0.1 mg）称量记录：小数点后四位，如 12.821 8 g。

②电子精密天平（感量为 1 mg）称量记录：小数点后三位，如 12.821 g。

③电子普通天平（感量为 0.01 g）称量记录：小数点后两位，如 12.82 g。

④电子台秤（感量为 0.1 g）称量记录：小数点后一位，如 12.8 g。

2）体积读数

①普通滴定管读数记录：小数点后两位，如 26.32 mL。

②容量瓶读数记录：小数点后一位，如 100.0 mL。

③吸量管读数记录：小数点后两位，如 25.00 mL。

（3）原始记录的更改。食品检验中的原始记录不得随意删除、修改或增减。如原始记录填写出现差错时，应遵循记录的更改原则并采用“杠改法”。被更改的原记录内容仍需清晰可见，不允许消失，在被更改内容的附近应有更改人签名。电子存储记录更改也必须遵循记录的更改原则，以免原始数据丢失或改动。

4. 原始记录的保存

（1）原始记录保存的标识要求。原始记录应有唯一的识别号码。食品生产企业应当制定原始记录管理的程序文件，对原始记录编制、填写、更改、标识、收集、检索等环节的职责、要求等予以明确。在启用新的记录格式时，应废除或停用老格式。

（2）原始记录保存的注意事项。原始记录应妥善保管，存取有序。原始记录不可随意销毁或丢弃，应注意安全保护和保密的要求。电子存储记录也应采取适当的措施，防止数据的丢失或擅自修改。食品生产企业应将生产过程中的记录（如原辅料验收记录，半成品、成品检验记录，生产过程控制记录等）进行归档、贮存、维护和清理。

（3）原始记录保存的期限。原始记录保存的期限一般不得少于 3 年，对国家、行业有相关管理规定或有重要价值的检测原始记录可适当延长保存期限或长期保存。档案管理员可对已到保管期限的检测原始记录提出销毁申请，经单位相关负责人批准后销毁并做好相关登记。食品原料、食品添加剂、食品相关产品进货查验记录和食品出厂检验记录应当真实，保存期限不得少于产品保质期满后 6 个月；没有明确保质期的，保存期限不得少于 2 年。

5. 检测结果的判定

依据 GB/T 8170 中的规定，进行检测结果的判定。

（1）极限数值的表示。极限数值是指标准（或技术规范）中规定考核的以数量形式给出且符合标准（或技术规范）要求的指标数值范围的界限值。其表达方式是给出最小极限值或（和）最大极限值，或给出基本数值与极限偏差等。

基本用语：如表示极限数值范围，如 $A \leqslant \chi \leqslant B$，表示大于或等于 A 且小于或等于 B 的数值。

（2）检测结果是否符合标准要求的判定。将检测结果与标准规定的极限数值做比较，根据 GB/T 8170 中的规定采用全数值比较法和修约值比较法。全数值比较法是将检测结果不经修约处理而用该数值与标准规定的极限数值进行比较，只要超出极限数值规定的范围（不论超出程度大小），都判定为不符合要求。修约值比较法是将检测结果进行修约，修约数位与标准规定的极限数值数位一致。将修约值与规定的极限数值进行比较，只要超出极限数值规定的范围（不论超出程度大小），都判定为不符合要求。两种比较法示例见表 6-1-5。

表 6-1-5　　全数值比较法和修约值比较法示例

项目	极限数值	全数值比较法		修约值比较法	
		测定值或其计算值	判定是否符合要求	修约值	判定是否符合要求
牛乳中蛋白质（g/100 g）	≥2.8	2.88	符合	2.9	符合
		2.82	符合	2.8	符合
		2.75	不符合	2.8	符合
		2.74	不符合	2.7	不符合

注：若标准中各种极限数值（包括带有极限偏差值的数值）未加说明，均指采用全数值比较法。

由此可见，全数值比较法比修约值比较法更为严格。

任务实施

任务一　原始记录纠错

指出表 6-1-6 面包中酸度测定检验结果记录错误之处，红色为填写处。

表 6-1-6　　面包中酸度测定检验结果记录

项目名称	酸度	取样 / 检测日期	2019-05-06
样品名称	面包	检验依据	GB/T 20981
仪器名称	电子天平	仪器编号	FM21002
标准溶液名称	氢氧化钠溶液	标准溶液浓度 c（mol/L）	0.100 5
环境温度 / 湿度	25 ℃/44%	检验地点	S 309
平行实验	1	2	空白（0）
取样量 m（g）	25.176 8	25.09(78)87	
滴定管初读数（mL）	0	0	0
滴定管终读数（mL）	0.20	0.20	0.05
标液消耗量 V_1（mL）	0.20	0.20	空白标液消耗量 V_2=0.05 mL
样品测定值 X（°T）	5.99	6.00	

续表

计算公式：	计算过程	1	2
$X=\dfrac{c\times(V_1-V_2)}{m\times 25/250}\times 1\,000$		$X=\dfrac{0.100\,5\times(0.20-0.05)}{25.176\,8\times 25/250}\times 1\,000$	$X=\dfrac{0.100\,5\times(0.20-0.05)}{25.098\,7\times 25/250}\times 1\,000$
平均值（g/100 g）		6.00	
两次独立测定结果绝对差值（°T）		0.01	
标准值（°T）		≤6.00 °T	
单项检验结论		不符合	
备注		检验人	张三

注：°T 为酸度的计量单位（单位质量的样品所消耗的标准氢氧化钠溶液的量）。

纠错如下：

第一，填写内容不完整。

（1）取样 / 检测日期：2019-05-06 中漏写了检测日期，正确的填写：2019-05-06/2019-05-06。

（2）备注项不能空白，应用“/”。

第二，有些项目填写内容不准确。

（1）原始测量数据记录的有效位数。滴定管初读数，应将“0”改为“0.00”。

（2）计量单位。平均值计量单位应该与测定值、标准值一致：应将“g/100 g”改为“°T”。

（3）结果计算。平行样品 2 测定值的结果计算错误：应将“6.00”改为“6.01”。

第三，原始数据修改不规范。

原始记录填写出现差错时，应遵循记录的更改原则并采用“杠改法”。在被更改内容的附近应有更改人签名。取样量 m（g）：应把“5.09⑦⑧87”改为“25.~~097 8~~”，再写上正确的数据“25.098 7”，并签名“张三”。

第四，检测结果符合标准要求的判定错误。

单项检验结论：样品测定的平均值“6.0 °T”，标准值“≤6.0 °T”，样品测定值在标准值范围内，单项检验结论应该填写“符合”。

更正后面包中酸度测定检验结果记录见表 6-1-7（说明：加底色部分为更正处）。

表 6-1-7　面包中酸度测定检验结果记录（更正）

项目名称	酸度	取样 / 检测日期	2019-05-06/2019-05-06
样品名称	面包	检验依据	GB/T 20981
仪器名称	电子天平	仪器编号	FM21002
标准溶液名称	氢氧化钠	标准溶液浓度 c（mol/L）	0.100 5
环境温度 / 湿度	25 ℃/44%	检验地点	S 309
平行实验	1	2	空白（0）
取样量 m（g）	25.176 8	~~25.097 8~~ 25.098 7 张三	
滴定管初读数（mL）	0.00	0.00	0.00
滴定管终读数（mL）	0.20	0.20	0.05
标液消耗量 V_1（mL）	0.20	0.20	空白标液消耗量 V_2=0.05 mL
样品测定值 X（°T）	5.99	6.01	
计算公式： $X=\frac{c\times(V_1-V_2)}{m\times 25/250}\times 1\,000$	计算过程	1 $X=\frac{0.100\,5\times(0.20-0.05)}{25.176\,8\times 25/250}\times 1\,000$	2 $X=\frac{0.100\,5\times(0.20-0.05)}{25.098\,7\times 25/250}\times 1\,000$
平均值（°T）		6.00	
两次测定结果的绝对差值（°T）		0.01	
标准值（°T）		≤6.00 ~~°T~~ 张三	
单项检验结论		符合	
备注	/	检验人	张三

小贴士

由于不同的检测项目所包含的信息不一样，因此，原始记录的格式各不相同。

任务二 原始记录填写

请根据以下检验结果，完成表 6–1–8。

检验员张三于 2019 年 6 月 10 日测定某牛乳中的蛋白质含量，在电子天平（编号 FM21041）上精确称取两份样品，质量分别为 10.003 8 g、9.889 7 g，消化完全后定容至 100 mL 容量瓶，用吸量管吸取 10 mL 牛乳处理液加入消化管中，加入 15 mL 氢氧化钠溶液（400 g/L），以 10 mL 硼酸溶液（20 g/L）作为吸收液，并加入 2 滴甲基红 – 亚甲基蓝指示液，用蛋白质测定仪（编号 CA21001）蒸馏吸收，用盐酸标准溶液（0.050 23 mol/L）进行滴定，消耗盐酸标准溶液分别为 6.73 mL、6.05 mL，同时进行空白试验，试剂空白消耗盐酸标准溶液 0.02 mL。

已知环境温度为 29 ℃，环境湿度为 52%。检验依据为 GB5009.5《食品安全国家标准 食品中蛋白质的测定》第一法，其中规定蛋白质含量≥1 g/100 g 时，结果保留 3 位有效数字；蛋白质含量 <1 g/100 g 时，结果保留 2 位有效数字。GB 25190《食品安全国家标准 灭菌乳》中要求牛乳中蛋白质≥2.9 g/100 g。检测地点为理化分析 309 室。

表 6–1–8 牛乳中蛋白质含量测定结果记录

<table>
<tr><td>项目名称</td><td></td><td>取样 / 检测日期</td><td></td></tr>
<tr><td>样品名称</td><td></td><td>检验依据</td><td></td></tr>
<tr><td>仪器名称</td><td></td><td>仪器编号</td><td></td></tr>
<tr><td>环境温度 / 湿度（℃/%）</td><td></td><td>检测地点</td><td></td></tr>
<tr><td>平行实验</td><td colspan="2">1</td><td>2</td></tr>
<tr><td>取样量 m（g）</td><td colspan="2"></td><td></td></tr>
<tr><td>空白实验标准溶液消耗量 V_0（mL）</td><td colspan="3"></td></tr>
<tr><td>标准溶液消耗量 V（mL）</td><td colspan="2"></td><td></td></tr>
<tr><td colspan="2">HCl 标准溶液浓度（mol/L）:（ ）</td><td colspan="2">蛋白质换算系数 F=（ ）</td></tr>
<tr><td>计算公式：
$X=\frac{c\times(V-V_0)\times 0.014\times F}{m\times\frac{10}{100}}\times 100$</td><td>计算过程</td><td></td><td></td></tr>
</table>

续表

蛋白质含量 X（g/100 g）			
蛋白质含量平均值（g/100 g）			
相对相差（%）			
标准值（g/100 g）			
单项检验结论			
备注		检验人	

拓展内容

一、国家法定计量单位

我国法定计量单位包括：国际单位制中的基本单位，国际单位制中的辅助单位，国际单位制中具有专门名称的导出单位，国家选出的非国际单位制单位，由以上单位构成的组合形成的单位，由词头和以上单位所构成十进倍数和分数单位。我国法定计量单位见表 6–1–9。

表 6–1–9　国家法定计量单位名称及符号一览表

量的名称	单位名称	单位符号	量的名称	单位名称	单位符号
长度	千米（公里）	km	时间	年	a
	米	m		天（日）	d
	分米	dm		小时	h
	厘米	cm		分	min
	毫米	mm		秒	s
	微米	μm	频率	赫兹	Hz
面积	平方千米	km^2		千赫兹	kHz
	平方米	m^2		兆赫兹	MHz
	平方分米	dm^2	力、重力	牛（顿）	N
	平方厘米	cm^2		千牛（顿）	kN

续表

量的名称	单位名称	单位符号	量的名称	单位名称	单位符号
体积	立方米	m^3	力矩	牛（顿）米	N・m
	立方分米	dm^3		千牛（顿）米	kN・m
	立方厘米	cm^3	应力	帕（斯卡）	Pa
容积	升	L		千帕（斯卡）	kPa
	分升	dL		兆帕（斯卡）	MPa
	厘升	cL	功率	瓦特	W
	毫升	mL	磁场强度	安培每米	A/m
质量	吨	t	光照度	勒（克斯）	lx
	千克（公斤）	kg	照射量	库伦每千克	C/kg
	克	g	光通量	流（明）	lm
	分克	dg	磁通量	韦（伯）	Wb
	厘克	cg	电流	安培	A
	毫克	mg	电压	伏特	V
功、热	焦耳	J	电容	法拉	F
温度	摄氏度	℃	电阻	欧姆	Ω
立面角	球面度	sr	电感	亨利	H
平面角	弧度	rad			

二、常见实验数据记录的不良习惯

1. 实验记录不及时

实验过程中，有些人习惯用大脑记忆部分实验现象或结果，事后依靠回忆做记录，这是不可取的，因为大脑记忆大多是瞬时记忆，容易遗忘和出错。实验记录一定要及时。

2. 将实验数据记录于纸片

实验操作时，由于未随身携带实验记录本，将实验现象、结果、数据等随手记录于身边的废纸片或其他纸质材料的空白处，待需要正式记录至实验记录本时，往往忽略关键的细节内容，或者遗失用于记录的纸片。

3. 仅记录符合主观想象的内容

实验记录是指记录整个实验过程中发生的任何现象和结果。如果出现异常的结果或数据，也必须如实记录，才能有利于后期分析实验结果异常的原因，切忌只记录主观认为正常的现象和结果。

食品检验的目的是为了得到可靠的数据，并为食品安全与卫生等相关工作提供管理依据。原始记录数据的质量对编制证书或检验报告有直接的影响，因此食品检验从业人员必须重视数据采集方面的细节工作，才能保证其科学性、严谨性和公正性。

理论知识复习

一、判断题

1. 帕斯卡是热量的法定计量单位。（　　）

2. 我国使用的计量单位就是国际制单位。（　　）

3. 原始记录可以在工作完成后补写。（　　）

4. 仪器上测得的数字都是有效数字。（　　）

5. 在判定测定值是否符合标准要求时，可以采用全数值比较法或修约值比较法将测定值和标准规定的极限数值做比较。（　　）

6. 食品进货查验记录应当真实，保存期限不得少于 3 年。（　　）

二、单项选择题

1. 实验室认可准则将记录分为（　　）记录和技术记录。

A. 质量　　B. 数量　　C. 原始　　D. 校准

2. 使用法定计量单位，以下用词头构成的倍数单位中，错误的是（　　）。

A. mg　　B. mμm　　C. mmol　　D. MPa

3.（　　）不是国际单位制基本单位。

A. 米　　B. 千克　　C. 开 < 尔文 >　　D. 升

4. 关于有效数字的描述，不正确的是（　　）。

A. 第一位非零数字前的 0 是有效数字

B. 有效数字的位数与方法中精密度最低的测量仪器有效数的位数相同

C. 在记录数据时，只应保留一位不确定的数字，其余数字都应是准确的

D. 在分析测定中，有效数字就是能够具体测量到的数字。有效数字表示数字的有效意义

5. 1.234 56 要求修约到 3 位有效数字，结果为（　　）。

A. 1.20　　B. 1.23　　C. 1.234　　D. 1.230

6. 3.99 × 1.123 0 × 4.100 的计算结果为（　　）位有效数字。

A. 2　　B. 3　　C. 4　　D. 5

7. 某样品中水分含量测定结果为 12.96%，判定的极限数值为≥13.0%，用全数值法判定的结果为（　　）标准要求。

A. 不符合　　B. 符合　　C. 都可以　　D. 无法判定

三、计算题

1. 判断下列数据的有效数字位数。

（1）0.036 8　　（2）1.205　　（3）0.000 1

（4）30.06%　　（5）6.3×10^{-5}　　（6）pH=6.20

2. 将下列数据修约成 2 位有效数字。

（1）2.374　　（2）3.02　　（3）5.050 10　　（4）7.055

（5）8.044　　（6）6 632　　（7）3.335　　（8）1.855

3. 根据有效数字运算规则，计算下列各式。

（1）0.312+0.358+0.14

（2）（44.41−3.12）× 0.204 8 ÷（2.634 91−2.277 5）

四、简答题

实验中的原始记录填写有什么要求？

项目二　数据处理

场景介绍

某检验员对某食品中的灰分含量进行了4次测定，结果分别为13.3%、13.9%、13.7%、13.9%，张三需要对以上检验结果的可靠性进行综合性评价。

技能列表

序号	技能点	重要性
1	准确判断常见的误差类型	★★★
2	熟练计算绝对误差、相对误差、相对平均偏差和相对相差	★★★★★
3	正确进行数值判断	★★★★★

知识列表

序号	知识点	重要性
1	误差的定义及分类	★★★
2	误差的表示方法	★★★★★

知识准备

6.2.1 误差的定义与分类

1. 误差的定义

误差是指某特定量的给出值与真值之差。真值是指与某特定量定义一致的量值。根据误差的定义，误差是一个差值，而不表示一个区间。也就是说，误差是一个具有确定符号的量值，或正或负，但不应以“±”号的形式表示。

2. 误差的分类

根据误差产生的原因和性质，误差可以分为系统误差和偶然误差两类。

（1）系统误差。系统误差是“在重复性条件下，对同一被测量进行无限多次测量所得结果的平均值与被测量的真值之差”。系统误差在每次测定时均重复出现，其大小在同一实验中是恒定的，或在实验条件改变时，按照某一确定规律变化。系统误差具有单向性，即大小、正负都有一定的规律性，可预先估计。根据系统误差的性质及产生的原因，可分为方法误差、仪器误差、试剂误差和个人误差四种。

1）方法误差：由于实验方法本身不够完善而引起的误差。例如，在重量分析中，由于沉淀溶解损失而产生的误差；在滴定分析中，由于化学反应不完全、指示剂选择不当、离子干扰等造成的误差。

2）仪器误差：由于仪器本身的缺陷造成的误差。例如，天平两臂长度不相等，砝码、滴定管、容量瓶等未经校正而引起的误差。

3）试剂误差：由于试剂不纯、蒸馏水中有被测物质或干扰物质造成的误差。

4）个人误差：由于操作人员的主观原因造成的误差。例如，个人对颜色的敏感程度不同，在辨别滴定终点颜色时，偏深或偏浅等都会引起误差。

（2）偶然误差。偶然误差又称随机误差，是“测量结果与在重复性条件下，对同一被测量进行无限多次测量所得结果的平均值之差”。随机误差是由于各种因素的偶然变动而引起的单次测定值对平均值的偏离。这些因素包括测量仪器、试剂、环境，以及分析人员的操作等，由于引起随机误差的因素是偶然的，故随机误差是不确定误差。随机误差的大小和正负都不固定，在操作中不能完全避免。

6.2.2 误差的表示方法

误差有两种表示方法，为统计量准确度和统计量精密度。统计量准确度反映系统误差，系统误差决定实验结果的准确度；而统计量精密度反映随机误差，随机误差决定实验结果的精密度。准确度和精密度是对某一检验结果的可靠性进行综合性评价的常用指标。

1. 准确度与误差

准确度表示分析结果与真实值接近的程度，准确度的大小用绝对误差或相对误差表示。

（1）绝对误差。绝对误差是指某特定量的给出值与真值的差值。

$$E=X-T$$

式中 E——绝对误差；

X——测定值；

T——真实值。

例题讲解

［例 6-3］某一蜜饯中总糖的质量分数测定值为 57.30%，真实值为 57.34%，绝对误差为多少？

$$E=X-T=57.30\%-57.34\%=-0.04\%$$

（2）相对误差。相对误差是指某特定量的绝对误差与真值之比。当比较两个不同量值时，绝对误差无法说明它们的准确度，因而引进相对误差。

$$R_{\mathrm{E}}=\frac{E}{T}\times 100\%$$

式中 R_{E}——相对误差；

E——绝对误差；

T——真实值。

例题讲解

［例 6–4］ 测定某一品牌的酱菜的水分，测得其质量分数为 80.35%，真实值为 80.39%，相对误差为多少？

$$R_E=\frac{80.35\%-80.39\%}{80.39\%}\times 100\%$$

$$\approx -0.05\%$$

由于在实际工作中，真值很难确定，所以人们常用标准方法通过多次重复测定，将所求出的算术平均值作为真实值。

绝对误差和相对误差都有正值和负值。正值表示实验结果偏高，负值表示实验结果偏低。

2. 精密度与偏差

对于不知道真实值的实验，可以用偏差的大小来衡量测定结果。偏差是指测定值 X_i 与测定的平均值之差，它可以用来衡量测定结果的精密度。精密度是指在同一条件下，对同一样品进行多次重复测定时，各测定值相互接近的程度，偏差越小，说明测定的精密度越高。

精密度可以用绝对偏差、相对偏差、平均偏差、相对平均偏差、相对相差等来表示。

（1）绝对偏差。绝对偏差是指测量值与平均值之差。绝对偏差越大，精密度越低。

$$d_i=x_i-\bar{x}$$

式中 d_i——绝对偏差；

x_i——个别测得值；

$\bar{x}$——平均值。

（2）相对偏差。绝对偏差与平均值之比。

$$R_d=\frac{d_i}{\bar{x}}\times 100\%$$

式中 R_d——相对偏差；

d_i——绝对偏差；

$\bar{x}$——平均值。

（3）平均偏差。平均偏差是指绝对偏差绝对值的算术平均值。

$$\bar{d}=\frac{\sum_{i=1}^{n}|x_i-\bar{x}|}{n}$$

式中　$\bar{d}$——平均偏差；

n——测得值个数；

x_i——个别测得值；

$\bar{x}$——平均值。

（4）相对平均偏差。相对平均偏差是指平均偏差在平均值中所占的百分比。

$$RMD=\frac{\bar{d}}{\bar{x}}\times100\%$$

式中　RMD——相对平均偏差；

$\bar{d}$——平均偏差；

$\bar{x}$——平均值。

（5）相对相差。在食品分析中，一般把两个平行测定得出的结果的平均值作为真值，因而引进另一个误差——相对相差。相对相差是指某特定量的两次测量值之差与其算术平均值之比。

$$R_{\bar{x}}=\frac{|x_1-x_2|}{\bar{x}}\times100\%$$

式中　$R_{\bar{x}}$——相对相差；

x_1，x_2——两次测得值；

$\bar{x}$——平均值。

例题讲解

［例 6-5］对某品牌的糕点进行两次总糖的测定，测得总糖的质量分数分别为35.4%、35.8%，则相对相差为多少？

$$\bar{x}=\frac{35.4\%+35.8\%}{2}=35.6\%$$

$$R_{\bar{x}}=\frac{|35.4\%-35.8\%|}{35.6\%}\times100\%$$

$$\approx1.1\%$$

知识链接

准确度和精密度的关系

1. 精密度是保证准确度的先决条件。精密度差，所测结果不可靠，就失去了衡量准确度的前提。

2. 精密度好，不一定准确度高。只有在消除系统误差的前提下，精密度好，准确度才会高。

任务实施

任务一　检验结果数据处理

食品检验员小张和小李分别对某食品中的灰分含量进行了测定，小张的测定结果分别为13.9%、13.7%，小李的测定结果分别为13.2%、14.4%。请分别计算小张和小李的检验结果平均值和相对相差。

先对小张的测定数据进行计算，计算过程如下：

$$\bar{x}_{张}=\frac{x_{张1}+x_{张2}}{2}=\frac{(13.9\%+13.7\%)}{2}=13.8\%$$

$$R_{\bar{x}张}=\frac{|x_{张1}-x_{张2}|}{\bar{x}_{张}}\times 100\%=\frac{|13.9\%-13.7\%|}{13.8\%}\times 100\%\approx 1.4\%$$

再对小李的测定数据进行计算，计算过程如下：

$$\bar{x}_{李}=\frac{x_{李1}+x_{李2}}{2}=\frac{(13.2\%+14.4\%)}{2}=13.8\%$$

$$R_{\bar{x}李}=\frac{|x_{李1}-x_{李2}|}{\bar{x}_{李}}\times 100\%=\frac{|13.2\%-14.4\%|}{13.8\%}\times 100\%\approx 8.7\%$$

任务二　检验结果可靠性评价

根据任务一的计算结果可以看到，小张和小李测得该食品灰分含量的平均值相同，均为 13.8%；小张测定数据的相对相差为 1.4%，小李测定数据的相对相差为 8.7%。相对相差越小，说明测定的精密度越高，因此小张的测定数据比小李的测定数据更可靠。

根据 GB 5009.4《食品安全国家标准　食品中灰分的测定》中对精密度的规定，在重复性条件下获得的两次独立测定结果的绝对差值不得超过算术平均值的 5%。小李测定某食品灰分数据的精密度大于标准规定要求，结果不准确、偏差较大，需要分析原因，重新制备样品进行复测。

拓展内容

在食品检验分析过程中，要提高分析结果的准确度，必须考虑在分析过程中可能产生的各种误差，采取有效措施，减小误差。提高分析结果准确度的途径有以下几种。

一、选择恰当的分析方法

样品中待测成分的分析方法较多，但各种分析方法的准确度和灵敏度是有差别的。例如，重量分析及容量分析虽然灵敏度不高，但对常量组分的测定一般能得到比较满意的分析结果，相对误差在千分之几；相反，重量分析及容量分析对微量成分的检测却达不到要求。仪器分析方法灵敏度较高、绝对误差小，但相对误差较大，而微量组分的测定常允许有较大的相对误差，所以这时采用仪器分析是比较合适的。在选择分析方法时，需要了解不同方法的特点及适宜范围，要根据分析结果的要求、被测组分含量、伴随物质等因素来选择适宜的分析方法。

二、减小测量误差

重量分析和滴定分析允许的相对误差不超过 0.1%。

1. 减小称量误差

一般分析天平的绝对误差为 ±0.000 1 g，称取一份样品可能造成的最大误差为 ±0.000 2 g。因此，根据误差要求，称取样品的最低质量应该为 0.000 2 g/0.1%=0.2 g。

2. 减小体积测量误差

一般滴定管的读数误差为 ±0.01 mL，完成一次滴定可能造成的最大误差为 ±0.02 mL。因此，根据误差要求，用滴定管滴定时，消耗滴定剂的最低用量应该为 0.02 mL/0.1%=20 mL，一般控制在 20 ~ 40 mL。

三、减小随机误差

增加平行测定次数，取多次测定值的平均值作为分析结果，可以减小甚至消除随机误差。在食品检验中，试样的平行测定次数通常为 2 ~ 4 次。

四、消除测量中的系统误差

1. 校正方法

有些方法误差可以用其他方法进行校正。例如，重量分析下未完全沉淀的被测组分可以用其他方法（通常用仪器分析）测得，测得的这个结果加入重量分析结果内，即可得到可靠分析结果。

2. 校正仪器

将计量器具、试剂、仪器等定期送至计量管理部门鉴定，以保证仪器的灵敏度和准确性。用作标准容量的容器或吸量管等，最好经过标定，按校正值使用。各种标准溶液应按规定定期标定。

3. 对照实验

用含量已知的标准试样或纯物质以同一方法对其进行定量分析，由分析结果与已知含量的差值，求出分析结果的系统误差。以此误差对实际样品的定量结果进行校正，可减免系统误差。

4. 空白实验

在不加样品的情况下，用与测定样品相同的方法、步骤进行定量分析，把所得结果作为空白值，从样品的分析结果中扣除。这样可以消除由于试剂或溶剂等干扰造成的系统误差。

5. 回收率实验

在样品中加入已知量的标准物质，然后进行对照实验，观察加入的标准物质能否定量回收，根据回收率的高低可检验分析方法的准确度，并判断分析过程是否存在系统误差。

6. 标准曲线回归

在用比色、荧光、色谱等方法进行分析时，常配制一定浓度的标准样品溶液，测定其参数（吸光度、荧光强度、峰高），绘制参数与浓度之间的关系曲线，这种关系直线称为“标准曲线”。在正常情况下，标准曲线应是一条通过原点的直线。但在实际工作中，标准曲线常出现偏离直线的情况，此时可用回归法求出该直线方程，代表最合理的标准曲线。

理论知识复习

一、判断题

1. 随机误差是由于各种因素的偶然变动而引起的单次测定值对平均值的偏离。 （ ）

2. 系统误差决定检验结果的精密度。 （ ）

3. 精密度表示测得结果与真实值接近的程度。 （ ）

4. 绝对误差是正或者是负，决定了给出值偏离真值的方向。 （ ）

5. 相对误差是指某特定量的绝对误差与真值之比。 （ ）

6. 相对相差是指某特定量的两次测量值之差与其算术平均值之比。 （ ）

二、单项选择题

1. 下列关于误差的说法，错误的是（ ）。

A. 误差是客观存在的　　B. 误差与检测方法有关

C. 误差与检测环境无关　　D. 误差与检测样品的性质有关

2. 下列关于真值的说法，不正确的是（ ）。

A. 真值是指与某特定量定义一致的量值

B. 真值从本质上说是不能确定的

C. 约定真值就是与真值足够接近的值，在任何情况下都可以代替真值

D. 对于给定的目的，可以用约定真值代替真值

3. 下列关于随机误差的描述中，不正确的是（ ）。

A. 通过增加测定次数可以在某种程度上减小随机误差

B. 引起随机误差的因素在一定条件下是恒定的

C. 随机误差导致重复测定中的分散性

D. 随机误差决定检验结果的精密度

4. 对某一奶粉进行两次蛋白质的测定，测得结果为 22.1%、22.5%，则相对相差为（ ）。

A. 1.8%　　B. 0.4%　　C. 2.8%　　D. 1.6%

5. 下列关于准确度的描述，不正确的是（ ）。

A. 准确度表示测得结果与真实值接近的程度

B. 准确度是指在同一实验中，每次测得的结果与它们的平均值接近的程度

C. 误差越大，准确度越低

D. 进行回收率实验是确定准确度的一种方法

6. 下列关于精密度的描述，不正确的是（　　）。

A. 精密度是指在同一实验中，每次测得的结果与它们的平均值接近的程度

B. 精密度是反映随机误差大小的一个量，测定值越集中，测定精密度越高

C. 精密度可能因与测定有关的实验条件的改动而有所改动

D. 分析结果的精密度与样品中待测物质的浓度水平无关

三、计算题

1. 某矿石中钨的含量测定结果为 20.39%、20.41%、20.43%，其真实值为 20.38%，计算其绝对误差和相对误差。

2. 实验室中标定 NaOH 溶液浓度，三次平行测定得到的 NaOH 标准溶液浓度分别为 0.105 6 mol/L、0.102 3 mol/L、0.106 8 mol/L，则其相对平均偏差是多少？

3. 某品牌奶粉中脂肪含量的两次平行测定结果为 10.34% 和 10.30%，计算其相对相差。

四、简答题

简述误差的定义与分类。

理论知识考试模拟试卷及答案

食品检验（专项职业能力）理论知识试卷

注意事项

1. 考试时间：60 min。
2. 请首先按要求在试卷的标封处填写您的姓名、准考证号。
3. 请仔细阅读各种题目的回答要求，在规定的位置填写您的答案。
4. 不要在试卷上乱写乱画，不要在标封区填写无关的内容。

	一	二	总分
得　分			

得　分	
评分人	

一、判断题（第 1 题～第 30 题。将判断结果填入括号中。正确的填“√”，错误的填“×”。每题 1 分，满分 30 分）

1. 无菌室工作间的内门与缓冲间的门力求迂回，避免直接相通，减少无菌室内的空气对流，以保证工作间的无菌条件。（　　）

2. 果蔬类样品应采用等分取样法。（　　）

3. GB 4789.3《食品安全国家标准　食品微生物学检验　大肠菌群计数》第一法适用于大肠菌群含量较高的食品中大肠菌群的计数。（　　）

4. 在乘除运算中，结果的保留应以小数点后位数最少的数为依据。（　　）

5. 直接干燥法适用于谷物及其制品、淀粉及其制品、调味品、发酵制品、香辛料等食品中水分含量的测定。（　　）

6. 微生物检样制备时，开启容器前，先将容器表面擦干净，然后用 95% 酒精消毒开启部位及其周围。（　　）

7. 索氏抽提法和酸水解法是常用的脂肪测定方法。（　　）

8. 稀释度是溶液被冲淡的程度，10^{-1} 稀释度指样品被稀释了 10 倍。（　　）

9. 玻璃器皿洗净的标准是内壁被水均匀润湿，且无任何条纹和水珠存在。（　　）

10. BGLB 肉汤中的胆盐起抑制革兰氏阴性菌生长的作用。（　　）

11. 强酸灼伤时，必须先用大量流动水彻底冲洗，然后在皮肤上擦拭碱性药物，否则会加重皮肤损伤。（　　）

12. 高压蒸汽灭菌适用于所有培养基和物品的消毒。（　　）

13. 蛋白质检验时，湿法消化过程中加入硫酸钾的目的是降低消化温度。（　　）

14. 无菌室细菌较多时，可采用甲醛溶液或乳酸溶液熏蒸。（　　）

15. 原始记录可以在检测过程中现场填写，也可以在工作完成后补写。（　　）

16. 菌落数小于 100 CFU 时，按“四舍五入”原则修约，以整数报告。（　　）

17. 将 20 mL 乙醇溶于 100 mL 蒸馏水中，该溶液中乙醇的体积分数为 20%。（　　）

18. 微生物检验采样时，盛放容器的标签应完整、清晰。（　　）

19. 检样量是指接种到培养基中样品的实际数量；而接种量是指接种到培养基中的样液总量，不仅有样品，还包括了稀释液。（　　）

20. 直接干燥法测定水分时，液体样品可直接盛放于铝皿中放入烘箱中干燥。（　　）

21. 微生物检验培养基可根据配方，称量于适当大小的烧杯中，由于干粉极易吸潮，故称量时要迅速。（　　）

22. GB 5009.5 规定，凯氏定氮法计算结果要求保留 3 位小数。（　　）

23. 操作时所用的带菌材料可以在水槽内清洗。（　　）

24. 凯氏定氮法中，定氮蒸馏装置使用时，玻璃器皿的磨口连接处要密封闭合，以防气体逸出。（　　）

25. 无菌室关闭紫外灯 60 min 后，人员才可进入。（　　）

26. 霉菌和酵母菌检验样液加入后，将凉至 46 ℃左右的培养基注入平皿约 15 mL，并转动平皿，使其混合均匀。（　　）

27. 冷冻样品取样时，应从几个不同部位用灭菌工具取样，使样品具有代表性。（　　）

28. 若所有平板上为蔓延菌落而无法计数，则报告可记录为多不可计。（　　）

29. 索氏抽提法测定脂肪时，有机溶剂加入的量为接收瓶容积的 3/4。（　　）

30. 菌落总数测定在制备 10 倍递增稀释液时，每递增稀释一次即换用 1 支 1 mL 灭菌吸管。（　　）

得　分	
评分人	

二、单项选择题（第 1 题～第 70 题。选择一个正确的答案，将相应的字母填入题内的括号中。每题 1 分，满分 70 分）

1. 索氏抽提法测定脂肪时，接收瓶经水浴蒸干后，应置于（　　）烘箱内干燥。

A. 80 ℃ ± 5 ℃　　B. 90 ℃ ± 5 ℃　　C. 100 ℃ ± 5 ℃　　D. 110 ℃ ± 5 ℃

2. 凯氏定氮法测定食品中蛋白质时，选用的吸收溶液是（　　）溶液。

A. 磷酸　　B. 硼酸　　C. 盐酸　　D. 柠檬酸

3. 以下对样品保存方法的描述，不正确的是（　　）。

A. 样品在分析之前应避免受潮、风干等

B. 易腐败的样品应放在冰箱中保存

C. 有冷冻要求的样品必须冷冻保存

D. 检验结束的样品应保留一定时间，以备需要时复查，易变质的食品也要保留

4. 摩尔是（　　）的法定计量单位。

A. 物质的量　　B. 质量　　C. 浓度　　D. 密度

5. 培养基主要用来培养、（　　）、鉴定、保存各种微生物或其代谢产物。

A. 接种　　B. 分离　　C. 增菌　　D. 穿刺

6. 氮是存在于蛋白质中的特征元素，一般食品中蛋白质的含量为（　　）。

A. 8% ~ 10%　　B. 10% ~ 15%　　C. 13% ~ 19%　　D. 15% ~ 25%

7. 微生物检验样品的小样是指（　　）样品。

A. 分析用　　B. 一部分

C. 各部分取得的混合　　D. 一整批

8. 电子天平应定期检定，按照规定，最长检定周期不超过（　　）年。

A. 1　　B. 2　　C. 3　　D. 4

9. 微生物检验采样时，盛放容器的标签应完整、（　　）。

A. 清洁　　B. 易更换　　C. 整洁　　D. 清晰

10. 脂肪测定中，适用于鲜乳及乳制品脂肪测定的检测方法应是（　　）。

A. 索氏抽提法　　B. 盖勃法　　C. 酸水解法　　D. 罗兹 – 哥特里法

11. 无菌室（包括缓冲间、传递窗）每 3 m^2 的面积要配备一根功率为（　　）W 的紫外线灯。

A. 25　　B. 30　　C. 40　　D. 60

12. 索氏抽提法测定脂肪进行加热回流时，选用的方法为（　　）。

A. 水浴　　B. 油浴　　C. 沙浴　　D. 以上都可以

13. 菌落总数计数时，当平板上有蔓延菌落生长，其片状菌落不到平板的一半，而其余一半中菌落分布又很均匀，即可计算（　　），代表一个平板菌落数。

A. 其中菌落分布很均匀菌落的总和

B. 将两个平板上片状菌落与分布很均匀菌落相加，除以 2

C. 将片状菌落与分布很均匀菌落相加

D. 半个平板的菌落总数后乘以 2

14. 样品是指所取出的少量物料，其组成成分代表（　　）的成分。

A. 部分物料　　B. 劣质物料　　C. 优质物料　　D. 全部物料

15. 现行国标中，霉菌和酵母计数所用的培养基是（　　）。

A. 平板计数琼脂培养基　　B. LST 肉汤

C. BGLB 肉汤　　D. 孟加拉红琼脂培养基

16. 国际单位制基本单位有（　　）种。

A. 9　　B. 8　　C. 7　　D. 6

17. 水分测定时，直接干燥法适用于 101 ~ 105 ℃，不含或含其他（　　）物质极微的试样。

A. 物理　　B. 化学　　C. 挥发性　　D. 不挥发

18. 凯氏定氮法测定食品中蛋白质的操作步骤正确的是（　　）。

A. 消化→吸收→滴定→蒸馏　　B. 消化→蒸馏→吸收→滴定

C. 吸收→消化→蒸馏→滴定　　D. 蒸馏→消化→吸收→滴定

19. 灭菌是杀灭物体中或物体上所有微生物的繁殖体和（　　）的过程。

A. 荚膜　　B. 芽孢　　C. 鞭毛　　D. 菌毛

20. 微生物检验三级采样方案设有 n、c、m 和 M 值，注解错误的是（　　）。

A. n 是指同一批次产品应采集的样品件数

B. c 是指最大可允许超出 m 值的样品数

C. m 是指微生物指标的最低安全限量值

D. M 是指微生物指标的最高安全限量值

21. 凯氏定氮法测定食品中蛋白质蒸馏装置搭置时，在水蒸气发生瓶中加入 2/3 水、数粒玻璃珠、2 ~ 3 滴（　　）指示剂，并用硫酸调至淡红色。

A. 甲基橙　　B. 甲基红　　C. 甲基蓝　　D. 混合

22. 当发生有毒有害物质（如化学液体等）喷溅至检验人员的身体、脸或眼时，采用（　　）迅速将危害降到最低。

A. 75% 酒精擦　　B. 滤纸擦　　C. 水喷淋　　D. 喝牛奶

23. 大豆及其粗加工制品的蛋白质换算系数为（　　）。

A. 5.70　　B. 5.71　　C. 5.82　　D. 5.92

24. 大肠菌群计数时，酸性饮料应采用（　　）将 pH 值调节至中性。

A. 10 mol/L 氢氧化钠溶液　　B. 1 mol/L 氢氧化钠溶液

C. 10% 盐酸溶液　　D. 1% 盐酸溶液

25. 微生物检验室的房间数可按照条件允许配置，但必须有独立的（　　）。

A. 培养基配置室　　B. 显微镜观察室

C. 无菌室　　D. 菌落观察室

26. 菌落总数报告时，若有 3 个连续稀释度的平板菌落数，在 10^{-1} 稀释度的菌落数是多不可计，在 10^{-2} 稀释度的菌落数是 35 和 34，在 10^{-3} 稀释度的菌落数是 5 和 3，则样品中菌落总数为（　　）CFU/g。

A. 3 500　　B. 35 000　　C. 3 450　　D. 34 500

27. 直接干燥法测定食品中水分时，海砂用盐酸溶液和氢氧化钠溶液预处理后，水洗至呈（　　）时可经干燥备用。

A. 弱酸性　　B. 弱碱性

C. 中性　　D. 酸性或碱性都可以

28. 灰分检验时，样品加热至完全发黑后，放入马弗炉内灼烧至无碳粒的过程，称为样品的（　　）。

A. 碳化　　B. 乳化　　C. 挥发　　D. 灰化

29. 在蒸馏中作为冷凝装置的冷凝管的种类有（　　）。

A. 棕色、无色　　B. 直形、球形、蛇形

C. 酸式、碱式　　D. 磨口、广口、细口

30. 如果发生电气火灾，首先应该采取的措施是（　　）。

A. 打电话报警　　B. 切断电源　　C. 扑灭明火　　D. 救援

31. 某样品中镉含量测定结果为 6.02%，判定的极限数值为≤6.0%，用修约值法判定的结果为（　　）标准要求。

A. 不符合　　B. 符合　　C. 无法判定　　D. 以上都有可能

32. 索氏抽提法测定脂肪时，滤纸筒高于回流弯管会导致检测结果（　　）。

A. 正常　　B. 偏高　　C. 偏低　　D. 以上都有可能

33. 微生物检验时，固态样品制备的捣碎均质法是称取混匀检样 25 g 放入带有 225 mL 稀释溶剂的无菌均质杯中，以（　　）r/min 进行均质；或使用拍打机拍打，使之混匀。

A. 800 ~ 1 000　　B. 5 000 ~ 10 000

C. 6 000 ~ 8 000　　D. 8 000 ~ 10 000

34. 确定有效数字位数时，数字“0”在非零数字前（　　）。

A. 没有任何意义

B. 具有双重意义，一是起定位作用，二是为有效数字

C. 它只起定位作用，不是有效数字

D. 在小数点之前表示有效数字

35. 在检验常用玻璃器皿中，（　　）不能放于高于 120 ℃的烘箱中烘干。

A. 烧杯　　B. 称量瓶　　C. 锥形瓶　　D. 吸量管

36. 无菌室霉菌较多时，先用 5% 石炭酸溶液全面喷洒室内，再用（　　）熏蒸。

A. 甲醛溶液　　B. 乳酸溶液

C. 甲醛溶液和乳酸溶液交替　　D. 丙二醇溶液

37. 对糕点进行水分测定时，要求经连续两次烘干的称量瓶，前后两次称重之差小于 2 mg，则认为达到了（　　）。

A. 称量　　B. 恒重　　C. 称重　　D. 定量

38. 将 25.041 0 修约成四位有效位数，结果为（　　）。

A. 25.00　　B. 25.04　　C. 25.041　　D. 25.041 0

39. 大肠菌群检验复发酵培养结束后，观察颜色变化和导管内是否有气泡产生，如（　　）则可以做样品中大肠菌群阳性结果报告。

A. 产酸不产气　　B. 产气不产酸　　C. 产气　　D. 不产酸不产气

40. 用于微生物检验的样品必须有（　　），并按检验目的采取相应的采样方法。

A. 代表性　　B. 无菌性　　C. 随机性　　D. 无污染

41. 食品检验中使用有机试剂加热回流处理样品时，所用的设备有（　　）。

A. 电炉　　B. 电热水壶　　C. 酒精喷灯　　D. 电热恒温水浴锅

42. 在使用设备时，如果发现设备工作异常，应（　　）。

A. 停机并报告相关负责人员　　B. 关机走人

C. 继续使用，注意观察　　D. 停机，自行维修

43. 索氏抽提法测定脂肪时，索氏抽提器由（　　）组成。

A. 接收瓶、冷凝管、滤纸筒　　B. 接收瓶、冷凝管、抽提管

C. 接收瓶、抽提管、滤纸筒　　D. 冷凝管、抽提管、滤纸筒

44. 微生物检验培养基中常见的酸碱指示剂有酚红、中性红、溴甲酚紫、煌绿、（　　）等。

A. 孟加拉红　　B. 美兰　　C. 甲基红　　D. 伊红

45. 不能放在恒温干燥箱内加热烘干的是（　　）。

A. 称量瓶　　B. 试样

C. 基准试剂　　D. 能产生腐蚀性气体的物质

46. 大肠菌群计数从制备样品匀液至样品接种完毕，全程不得超过（　　）min。

A. 10　　B. 20　　C. 30　　D. 15

47. 食品检验时，样品前处理的目的是（　　）。

A. 延长样品保质期　　B. 排除干扰因素

C. 确定工艺的合理性　　D. 确定产品配方

48. 蛋白质检验时，湿法消化样品加入（　　）使有机物分解。

A. 硫酸　　B. 硝酸　　C. 盐酸　　D. 混合酸

49. 数值 0.002 010 0 具有（　　）位有效数字。

A. 3　　B. 4　　C. 5　　D. 6

50. 无菌室无菌程度超过限度，不可采用的措施是（　　）。

A. 石灰水揩擦　　B. 加强通风

C. 甲醛溶液和乳酸溶液交替熏蒸　　D. 延长紫外线灯灭菌时间

51. 培养基的制备程序正确的是（　　）。

A. 计算→称量→分装→加热溶解→包扎→灭菌

B. 计算→称量→加热溶解→分装→灭菌→包扎

C. 计算→称量→加热溶解→分装→包扎→灭菌

D. 计算→称量→加热溶解→灭菌→分装→包扎

52. 大肠菌群作为食品的卫生指标，其意义是推断食品中是否有污染（　　）的可能。

A. 肠道致病菌　　B. 肠道非致病菌

C. 沙门氏菌　　D. 志贺氏菌

53. 在大米蛋白粉的蛋白质测定中，称量 2 g 大米蛋白粉，消化后将消化液定容至 100 mL 容量瓶中，取出 10 mL 溶液进行蒸馏，用 0.01 mol/L 的盐酸溶液进行滴定，消耗盐酸 4.7 mL，此大米蛋白粉中蛋白质含量是（空白 0.05 mL）（　　）。

A. 19.4%　　B. 24.87%　　C. 1.94%　　D. 2.49%

54. 霉菌菌落较大，质地疏松，外观干燥，不透明，呈现或紧或松的（　　）。

A. 蜘蛛网状、绒毛状或透明光滑状　　B. 绒毛状、透明光滑状或棉絮状

C. 蜘蛛网状、绒毛状或棉絮状　　D. 蜘蛛网状、透明光滑状或棉絮状

55. 原始记录填写出现差错时，出错的记录信息（　　）。

A. 可以涂改

B. 可以消失

C. 应采用“杠改法”，被更改后的原记录仍清晰可见

D. 可以任意处理

56. 用于微生物检验的检样量一般为 25 mL（g），检样通常以（　　）进行稀释检测。

A. 1∶1　　B. 1∶10　　C. 1∶100　　D. 1∶1 000

57. 实验室用三级水的电导率指标为（　　）mS/m。

A. ≥0.50　　B. ≤0.20　　C. ≤0.50　　D. ≤0.10

58. 碳酸饮料在做菌落总数测定时，1∶10 稀释度的样品匀液是以无菌吸管吸取（　　）制备的。

A. 1 mL 样品沿管壁缓慢注于盛有 9 mL 稀释液的无菌试管中

B. 10 mL 样品沿管壁缓慢注于盛有 90 mL 稀释液的无菌试管中

C. 25 mL 样品沿管壁缓慢注于盛有 225 mL 稀释液的无菌玻璃瓶中

D. 25 mL 样品沿管壁缓慢注于置盛有 250 mL 稀释液的无菌玻璃瓶中

59. 抽样方案中不包含（　　）。

A. 抽样人　　B. 抽样方法　　C. 抽样数量　　D. 抽样频次

60. 现有 10 mo1/L 浓盐酸溶液 20 mL，可配制 0.2 mo1/L 盐酸溶液（　　）mL。

A. 1 000　　B. 2 000　　C. 500　　D. 1 500

61. GB 4789.15《食品安全国家标准　食品微生物学检验　霉菌和酵母计数》第一法适用于（　　）中霉菌和酵母的计数。

A. 水产类　　B. 各类食品

C. 番茄酱罐头　　D. 番茄汁

62. 采用虹吸法取样，分别吸取上、中、下层样品各 0.5 L 的产品是（　　）。

A. 瓶装可乐　　B. 散装白砂糖

C. 大桶装酱油　　D. 定型包装的奶酪

63. 微生物检验中，半固体或黏性液体样品在制备时，应将称取混匀后的检样与预热至（　　）℃的灭菌稀释液充分振摇混合。

A. 35　　B. 37　　C. 42　　D. 45

64. 对易吸水、易氧化或易与二氧化碳等反应的样品，在称量过程中可选择的称量方法是（　　）。

A. 替代称量法　　B. 直接称量法

C. 增量法　　D. 递减称量法

65.（　　）是常用的散装固体样品采样方法。

A. 四分法　　B. 干燥法　　C. 缩分法　　D. 平均法

66. 菌落总数是指食品检样经过处理，在一定条件下培养后，所得每（　　）检样中形成的微生物菌落总数。

A. 0.1 g（mL）　　B. g（mL）　　C. 10 g（mL）　　D. 100 g（mL）

67. 凯氏定氮法测定食品中蛋白质时，其精密度要求是（　　）。

A. 1.5%　　B. 2%　　C. 1%　　D. 10%

68. 以下方法中，（　　）不是样品的制备方法。

A. 搅匀　　B. 粉碎　　C. 捣碎　　D. 四分法

69. 孟加拉红培养基中添加的孟加拉红能抑制霉菌菌落的蔓延生长，同时还具有（　　）的作用。

A. 指示剂　　B. 抑制细菌　　C. 鉴别　　D. 营养素

70. 直接干燥法测定水分时，计算结果保留（　　）位有效数字。

A. 1　　B. 2　　C. 3　　D. 4

食品检验（专项职业能力）理论知识试卷参考答案

一、判断题

1. √　2. √　3. ×　4. ×　5. ×　6. ×　7. √　8. √　9. √
10. ×　11. √　12. ×　13. ×　14. ×　15. ×　16. √　17. ×　18. √
19. √　20. ×　21. √　22. ×　23. ×　24. √　25. ×　26. ×　27. √
28. ×　29. ×　30. √

二、单项选择题

1. C　2. C　3. D　4. A　5. B　6. C　7. A　8. A　9. D　10. B
11. B　12. A　13. D　14. D　15. D　16. C　17. C　18. B　19. B　20. C
21. B　22. C　23. B　24. B　25. C　26. A　27. C　28. D　29. B　30. B
31. B　32. C　33. D　34. C　35. D　36. A　37. B　38. B　39. C　40. A
41. D　42. A　43. B　44. C　45. D　46. D　47. B　48. A　49. C　50. B
51. C　52. A　53. C　54. C　55. C　56. B　57. C　58. C　59. A　60. A
61. B　62. C　63. D　64. D　65. A　66. B　67. D　68. D　69. B　70. C

操作技能考核模拟试卷

注意事项

1. 请考生仔细阅读试题单中具体考核内容和要求，并按要求完成操作、进行笔答，笔答请考生在答题卷上完成。

2. 操作技能考核时要遵守考场纪律，服从考场管理人员指挥，以保证考核安全顺利进行。

注：操作技能鉴定试题评分表及答案是考评员对考生考核过程及考核结果的评分记录表，也是评分依据。

食品检验（专项职业能力）操作技能考核通知单

姓名：

准考证号：

考核日期：

试题 1

试题代码：1.1。

试题名称：软式面包中水分的测定。

考核时间：180 min。

配分：60 分。

食品检验（专项职业能力）操作技能鉴定试题单

试题代码：1.1。

试题名称：软式面包中水分的测定。

考核时间：180 min。

1. 场地设备要求

（1）软式面包样品。

（2）电子天平。

（3）电热恒温干燥箱。

（4）干燥器。

（5）常用玻璃器皿（已恒重称量瓶置于干燥器内）。

（6）GB 5009.3《食品安全国家标准　食品中水分的测定》第一法。

（7）GB/T 20981《面包》。

（8）常用耗材（记号笔、手套）。

2. 工作任务

依据 GB 5009.3《食品安全国家标准　食品中水分的测定》第一法，完成软式面包中水分的测定，填写实验结果记录表。

本次鉴定干燥时间由标准规定的 4 h 改为 30 min，冷却时间由标准规定的 30 min 改为 15 min；至前后两次质量差不超过 50 mg，即为恒量。

3. 技能要求

（1）选定所需的检测设备及工具。

（2）按标准要求进行检测。

（3）填写实验结果记录表。

（4）对所测结果做出正确判断。

（5）实验后清洁和整理现场。

4. **质量指标**

（1）正确选定有效检测设备（工具）。

（2）严格按标准要求进行操作。

（3）正确填写水分测定实验结果记录表，空缺项规范表示。

（4）对所测结果做出正确判断。

食品检验（专项职业能力）操作技能鉴定答题卷

考生姓名：　　　　　　　　　　　　准考证号：

试题代码：1.1。

试题名称：软式面包中水分的测定。

考核时间：180 min。

1. 选用设备

选用设备名称及编号	状态标识

2. 实验记录表

<table>
<tr><td>样品名称</td><td colspan="2"></td><td>检验依据</td><td></td></tr>
<tr><td>环境温度 / 湿度（℃/%）</td><td colspan="2"></td><td>取样 / 检测日期</td><td></td></tr>
<tr><td colspan="3">平行实验</td><td>1</td><td>2</td></tr>
<tr><td colspan="3">已恒重的称量瓶质量 m_1（g）</td><td></td><td></td></tr>
<tr><td colspan="3">样品质量 + 称量瓶质量 m_2（g）</td><td></td><td></td></tr>
<tr><td colspan="3">干燥温度（℃）：</td><td colspan="2">干燥时间（min）：</td></tr>
<tr><td rowspan="2">称量瓶 + 样品干燥后的质量 m_3（g）</td><td colspan="2">第一次称重</td><td></td><td></td></tr>
<tr><td colspan="2">第二次称重</td><td></td><td></td></tr>
<tr><td colspan="2">水分计算公式：
$X=\frac{m_2-m_3}{m_2-m_1}\times 100$</td><td>计算过程</td><td></td><td></td></tr>
</table>

续表

水分含量 X（ ）			
水分含量平均值（ ）			
精密度（ ）			
标准值（ ）			
单项检验结论			
备注		检验人	

食品检验（专项职业能力）操作技能鉴定试题评分表及答案

考生姓名：　　　　　　　　　　　　准考证号：

试题代码：1.1。

试题名称：软式面包中水分的测定。

考核时间：180 min。

客观评分表

序号	评分细则描述	配分	规定或标称值	得分
1	选用检验设备	6	正确选用天平，2分；正确选择电热恒温干燥箱，2分；设备有计量合格标识，1分；设备使用期在有效检定周期内，1分	
2	选择检验用器皿	2	正确选择称量瓶，2分	
3	称取样品	8	正确观察水准仪，2分；正确称取称量瓶，2分；规范称样，2分；样品的质量在规定范围内，2分	
4	干燥	6	检样干燥状态正确，2分；干燥温度在规定范围内，2分；干燥时间正确，2分	
5	冷却	6	选择合适干燥器，2分；干燥器使用规范，2分；冷却时间正确，2分	
6	恒重	4	两次质量差在规定范围内，4分	
7	填写实验结果记录表	3	正确填写每一项内容，1分；空缺项规范填写“/”，1分；字迹清晰，1分	
8	修改规范	2	修改使用“杠改法”，1分；修改处≤3处，1分	
9	结果单位	2	结果单位报告正确，2分	
10	原始记录填写	3	实验结果直接填入原始记录表，1分；实验过程数据记录及时，1分；填写清晰、规范，1分	
11	数据处理	8	水分含量计算正确，3分；精密度计算正确，3分；结果的有效位数修约正确，2分	

续表

序号	评分细则描述	配分	规定或标称值	得分
12	结果判定	8	精密度：≤10%，4分；10%~15%，2分；超过15%，不得分 产品标准值选择正确，2分 判定结果正确，2分	
13	实验器材整理	2	实验器材及台面整理规范，1分；水电正确关闭，1分	
合计配分		60	合计得分	

考评员（签名）：